鲍培明●主编

算机信息技术
与实验指导

河海大学出版社
HOHAI UNIVERSITY PRESS
·南京·

图书在版编目(CIP)数据

大学计算机信息技术学习与实验指导 / 鲍培明主编
. -- 南京：河海大学出版社，2021.7(2023.8 重印)
ISBN 978-7-5630-7104-3

Ⅰ.①大… Ⅱ.①鲍… Ⅲ.①电子计算机—高等学校
—教学参考资料 Ⅳ.①TP3

中国版本图书馆 CIP 数据核字(2021)第 142927 号

书　　名 / 大学计算机信息技术学习与实验指导
　　　　　 DAXUE JISUANJI XINXI JISHU XUEXI YU SHIYAN ZHIDAO
书　　号 / ISBN 978-7-5630-7104-3
责任编辑 / 杨　曦　沈　倩
封面设计 / 张世立
出　　版 / 河海大学出版社
地　　址 / 南京市西康路 1 号(邮编:210098)
电　　话 / (025)83737852(总编室)　(025)83722833(营销部)
经　　销 / 江苏省新华发行集团有限公司
排　　版 / 南京布克文化发展有限公司
印　　刷 / 南京工大印务有限公司
开　　本 / 787 毫米×960 毫米　1/16
印　　张 / 15.75
字　　数 / 284 千字
版　　次 / 2021 年 7 月第 1 版
印　　次 / 2023 年 8 月第 3 次印刷
定　　价 / 32.00 元

前　言

　　在信息技术飞速发展的时代,人们的工作、生活都离不开计算机和网络,熟悉、掌握计算机信息处理技术的基本知识和技能已经成为胜任本职工作、适应社会发展的必备条件之一。计算机思维不仅是一种工具,还是一种独特的分析问题、解决问题的思维方式。这两年来,计算机基础教育重点在于研究并推广计算思维的理念,即计算机基础教学要培养大学生掌握一定的计算机基础知识、技术与方法,以及利用计算机解决本专业领域中问题的意识与能力,更重要的是培养学生运用计算机科学的基础概念去求解问题、设计系统和理解人类行为的思维方式。

　　目前,大学新生计算机应用水平参差不齐,绝大多数都有一定的计算机操作能力,个别学生能很熟练地操作计算机。但整体而言,还不能满足社会与专业本身对大学生在计算机信息技术应用方面的一般需求。因此,我们组织相关老师编写了这本信息技术学习指导书。本书分为三大部分:基础篇、提高篇和附录。希望通过本书的学习,帮助学生理解计算机科学的基础概念,并进一步培养和提高学生计算思维的能力;对基础好的学生实施更高层次的培养,满足大学生不同的等级考试需求,也满足不同层次的就业需求。

　　第一部分为基础篇,配合江苏省普通高校计算机等级考试配套教材《大学计算机教程》及《大学计算机实践教程》组织编写。书中力求涵盖各章节知识要点,并通过典型例题的分析,帮助学生把握课程内容,加深各知识点的理解。每章都附有习题,可供学生自我检查学习效果。另外,书中保留了有关 Word 操作、Excel 操作等实验指导内容,目的是帮助那些计算机应用零起点或学得不扎实的学生较系统地学习计算机的基本应用,以便自学新的大学计算机信息技术实验内容。

　　第二部分为提高篇,配合全国计算机二级考试的需求,主要是二级公共基础知识的内容,列举了知识要点、例题分析,也给出了一部分习题,帮助学生掌握相关章节的核心内容。本书很多习题取自历年全国计算机等级考试真题。

　　第三部分是附录与参考答案,提供了理论知识题的参考答案。

　　本书由鲍培明负责主编和统稿。基础篇的第 1 章和第 5 章的第 1、2 节由殷长友编写,基础篇的第 2 章、第 5 章的第 3、4 节和提高篇的第 1、2 章由鲍培明编写,基础篇的第 3、4 章和提高篇的第 3 章由沈玲玲编写,基础篇的第 6 章、实验 1、实验 2 和提高篇的第 4 章由王必友编写,基础篇的实验 3 和实验 4 由杨俊编写。

　　本书在编写过程中,得到了南京师范大学计算机与电子信息学院全体计算机公共课老师的大力支持,在此深表感谢。

　　由于时间仓促,加之作者水平有限,本书难免有疏漏和错误之处,恳请读者批评指正。

编　者
2021 年 7 月于南京师范大学

目　　录

基　础　篇

提 高 篇

基础篇

第1章 绪 论

1.1 计算机概述

【本节要点】

1. 计算机的发展:第一代电子管计算机(1946年到20世纪50年代中期,1946年ENIAC电子管计算机的出现标志着计算机的诞生)、第二代晶体管计算机(20世纪50年代中期到60年代中期)、第三代集成电路计算机(20世纪60年代中期到70年代初期)、第四代大规模和超大规模集成电路计算机(20世纪70年代初期至今)。

计算机的发展方向:巨型化、微型化、网络化、智能化、多媒体化等。

近年来,通过进一步的深入研究,发现由于电子电路的局限性,理论上电子计算机的发展也有一定的局限,因此,人们正在研制不使用集成电路的计算机,例如,生物计算机、光子计算机、超导计算机等。

2. 计算机的特点:运算速度快、计算精确度高、具有存储和逻辑判断能力、有自动控制能力、采用二进制编码表示数据。

3. 计算机的分类

按工作原理分类:电子数字计算机(采用数字技术)、电子模拟计算机(采用模拟技术)。

按用途分类:通用计算机、专用计算机。

按规模分类:巨型机(超级计算机)、小巨型机、大型主机、小型机、工作站、个人计算机等。

4. 计算机的应用广泛:主要在科学计算(数值计算)、数据处理和信息管理、自动控制、计算机辅助功能、人工智能、计算机通信与网络应用等。

【例题分析】

1. 2022年6月公布了全球最新超级计算机排行榜top500,在前10名中,我国超级计算机占有_____个。

分析:神威·太湖之光(Sunway TaihuLight)是由国家并行计算机工程技术研究中心研发的超级计算机,安装在国家超级计算无锡中心。曾 4 次蝉联 top500 冠军,在最新 top500 排名中位列第四。神威·太湖之光全部使用中国自主知识产权的芯片。处理器核心有 10 649 600 个,峰值(Rmax)速度为 93 015 TFlop/s。

天河二号(Tianhe-2A)是由国防科技大学研制的超级计算机,曾经 6 次蝉联 top500 冠军,在最新 top500 排名中位列第七。天河二号采用麒麟操作系统,目前使用英特尔处理器,逐步用国产处理器替换。应用于助力探月工程、载人航天等政府科研项目,还在石油勘探、汽车飞机的设计制造、基因测序等方面大展身手。处理器核心有 4 981 760 个,峰值(Rmax)速度为 61 445 TFlop/s。

答案:2

2. 计算机按照性能和用途分为巨型计算机、大型计算机、小型计算机、_____和嵌入式计算机。

分析: 计算机按照性能和用途分为巨型计算机、大型计算机、小型计算机、个人计算机和嵌入式计算机等。

答案: 个人计算机

1.2　计算机系统的组成

【本节要点】

1. 计算机主机所使用的元器件作为计算机划代的主要标志,计算机的发展分为四代。

2. 目前使用的计算机依旧是集成电路计算机,计算机的新开发着眼于智能化,以知识处理为核心,可以模拟或部分替代人的智能活动,具有自然的人机通信能力。

3. 计算机系统＝硬件系统＋软件系统

4. 软件的定义

软件 {
程序:计算机能够理解并能够执行的一组指令(语句)
数据:程序运行过程中需要处理的对象和必须使用的一些参数
文档:与程序开发、维护及操作有关的一些资料
}

5. 软件的特性:不可见性、适用性、依附性、复杂性、无磨损性、易复制性、不断演变性、有限责任和脆弱性。

6. 软件的分类

软件
（从应用的角度）
｛
系统软件:BIOS、操作系统、程序设计语言处理系统、DBMS、实用程序等
应用软件
｛
通用应用软件:许多行业和部门共同使用的
定制应用软件:按照特定应用要求专门设计开发

软件
（从权益处置的角度）
｛
商品软件:付费后使用
共享软件:买前免费试用
自由软件:源码公开,可随意拷贝、修改、传播等

7. 从计算机的性能、用途和价格的角度,计算机可以分为四类:巨型计算机、大型计算机、小型计算机和个人计算机。

【例题分析】

1. 从 20 世纪 40 年代起,计算机已经历了第一、二、三、四代发展历程。人们习惯以计算机主机所使用的_____来作为计算机划代的主要标志。

分析:计算机硬件的发展受电子开关器件的影响极大,人们都按照计算机主机所使用的元器件为计算机划代。第一代计算机为电子管计算机,其 CPU 的元器件采用电子管。第二代计算机为晶体管计算机,其 CPU 的元器件采用晶体管。第三代计算机为集成电路计算机,CPU 与内存储器均由小规模(SSI)和中规模(MSI)集成电路实现。集成电路的集成度低。第四代计算机仍为集成电路计算机,CPU 与内存储器均由大规模(LSI)和超大规模(VLSI)集成电路实现。集成电路的集成度高。

答案:元器件

2. 现在我们使用的计算机的主要元器件采用集成电路,其 CPU 与内存储器均由集成电路实现。这是_____技术与_____技术相结合的产物。

A. 通信、计算机　　　　　　B. 通信、微电子
C. 计算机、微电子　　　　　D. 光电子、计算机

分析:集成电路是由硅组成的半导体器件,半导体芯片是微电子学飞速发展的结果。

答案:C

3. 一台计算机中往往有多个处理器,它们各有其不同的任务,有的用于绘图,有的用于通信。其中承担系统软件和应用软件运行任务的处理器称为_____。

A. 中央处理器　　　　　　　B. 运算器
C. 控制器　　　　　　　　　D. 主机

分析：处理器是计算机中对信息进行各种处理的部件，它可以执行算术运算、逻辑运算和数据传送等操作。一台计算机往往有多个处理器，其中承担着计算机系统软件和应用软件运行任务的是中央处理器(CPU)，CPU是任何计算机必不可少的核心组成部件。

答案：A

4. 下列有关计算机分类的叙述，正确的是_____。

    A. 巨型计算机采用大规模并行处理的体系结构，但它的运算处理能力较差，适用于数据检索应用领域

    B. 大型计算机运算速度快、存储容量大、通信联网功能完善，但由于同时为许多用户提供处理信息的任务，其响应速度较慢

    C. 在基于计算机网络的客户机/服务器模式中，根据需要可以选用小型计算机作为系统的服务器

    D. PC机是个人计算机，因此，它仅支持单用户单任务的信息处理

分析：巨型计算机是计算机家族中速度最快、性能最好、技术最复杂、价格最昂贵的一类计算机，适合于科学计算领域。大型计算机是使用当代先进技术构成的一类高性能、大容量计算机，它可以同时为数百、数千用户执行信息处理任务，每个用户感觉到的只是自己一人在使用计算机。在基于计算机网络的客户机/服务器模式中，根据需要可以选用巨型计算机、大型计算机或小型计算机作为系统的服务器，也常使用专门生产的"服务器"一类计算机产品。装有 Windows 操作系统的 PC 机就支持多任务处理。

答案：C

5. 所有存储在优盘上的 MP3 音乐都是计算机软件。

分析：计算机软件包括以电子格式存储的程序、程序所处理的数据以及相关的文档。程序是软件的主体，没有程序的数据和文档不被认为是软件。存储在优盘上的 MP3 音乐不能认为是计算机软件。

答案：错误

6. 下面关于软件叙述，错误的是_____。

    A. 软件产品(软件包)是指软件开发商交付给用户用于特定用途的软件，以光盘或磁盘为载体，也可以经过授权后从网上下载

    B. 版权所有者唯一享有软件的拷贝、发布、修改等许多权利，而购买软件者仅有使用权，随意拷贝和分发是违法行为

    C. 软件许可证允许用户不经版权所有者同意，对软件进行任意修改

　　D. 网络版许可证允许软件可被网络上的多个用户所共享

　　分析：软件许可证在一定程度上扩大了版权法给予用户的权利，但这些权利都必须经过软件版权所有者的同意。常见类型有多用户许可证、同时使用许可证和买前试用许可证。

　　答案：C

7. 以下软件中属于系统软件的是_____。

　　A. 迅雷　　　　　　　　　　B. Java 编译器

　　C. Google　　　　　　　　　D. Visual Basic

　　分析：Visual Basic 是一种高级编程语言，不是系统软件，Visual Basic 编译器和 Java 编译器是系统软件；迅雷是一种资源下载软件，应属于应用软件；Google 是一个世界著名的资源搜索引擎网站。

　　答案：B

8. 一员工要先设计产品宣传图、写产品用户手册文本、统计仓库货物清单，然后将这些信息作为邮件附件发送给经理，他依次需要使用的软件可能是_____。

　　A. Excel→WPS→Photoshop→Word

　　B. SPSS→Flash→Foxmail→Word

　　C. SPSS→Foxmail→Photoshop→Word

　　D. Photoshop→Word→SPSS→Foxmail

　　分析：应该使用图像制作软件设计产品宣传图，用文字处理软件编写用户手册，用电子表格软件或统计软件处理清单，用电子邮件软件发送邮件，符合以上条件的软件序列为最后一个。

　　答案：D

1.3 信息与信息技术

【本节要点】

　　1. 信息是指事物运动的状态及状态变化的方式。在实际应用中，人们更关心信息的内容和效用。

　　2. 信息处理是指信息的收集、加工、存储、传递和施用。

　　3. 信息技术是用来扩展人们信息器官功能、协助人们进行信息处理的一类技术。它包括：感测与识别技术、通信与存储技术、计算处理技术和控制与显示技术。

4. 信息处理系统是用于辅助人们进行综合使用各种信息技术的系统。

5. 现代信息技术的主要特征是以数字技术为基础，以计算机为核心，采用电子技术和激光技术进行信息处理。

6. 信息产业是指信息设备的制造，以及信息采集、储存、传递、处理、制作与服务的所有行业与部门的总和。

7. 数字技术就是用 0 和 1 两个数字来表示、处理、存储和传输一切信息的技术。

8. 比特就是二进位或二进位数字，它只有 0 和 1 两种状态。在计算机中，用低电位表示 0，用高电位表示 1。

9. 比特（位）的存储：可使用电子线路的触发器，也可以使用磁性介质。存储容量的基本单位是字节（B），1 个字节由 8 个位构成。另外有千字节（KB）、兆字节（MB）、吉字节（GB）等。它们的进位为 2^{10}。

10. 在数据通信中，信息是一位一位传输的，传输速率的基本单位是比特/秒（b/s），另外还有千比特/秒（kb/s）、兆比特/秒（Mb/s）、吉比特/秒（Gb/s）等。

11. 十进制：基数为十，逢十进一；二进制：基数为二，逢二进一。

12. 二进制转换为十进制：将二进制数的每一位数字乘以对应的权值，累加起来即可。以小数点为界，右起第 N 位的权值为 2 的 $N-1$ 次方，即 2^{N-1}；左起第 N 位的权值为 2 的 $-N$ 次方，即 2^{-N}。

13. 十进制整数转换为二进制整数：除以 2 取余法；十进制小数转换为二进制小数：乘以 2 取整法。

14. 二进制的加法：$0+0=0,0+1=1,1+0=1,1+1=10$；
二进制的减法：$0-0=0,1-1=0,1-0=1,10-1=1$。

15. 基本逻辑运算
逻辑加（OR 或 $\lor$）：$0\lor0=0,0\lor1=1,1\lor0=1,1\lor1=1$；
逻辑乘（AND 或 $\land$）：$0\land0=0,0\land1=0,1\land0=0,1\land1=1$；
取反（NOT 或 $-$）："0"取反后是"1"，"1"取反后是"0"。

16. 八进制：基数为八，逢八进一；十六进制：基数为十六，逢十六进一。其中 10～15 用 A～F 表示。

17. 计算机中的数值信息分为整数和实数两大类。

（1）整数分为不带符号的整数和带符号的整数。带符号的整数一般用补码来表示,其符号位是最左面的一位,"0"表示正数,"1"表示负数,其余各位表示数值的大小。正整数补码表示,其符号位为"0",数值位为原数值部分。负数使用补码表示时,符号位是"1",其数值部分是对原数值位的每一位取反后,再在末位加"1"所得到的结果。

(2) 实数是既有整数部分也有小数部分的数。在 Pentium 机中,32 位实数中有 1 位数符、8 位阶码、23 位尾数;另外还有 64 位和 80 位实数,可表示更大的数值范围和更高的精度。

18. 目前计算机中使用最广泛的西文字符编码为 ASCII 码。基本的 ASCII 码字符集共有 128 个字符,使用 7 个二进位对字符进行编码,每个字符占 1 个字节,其最高位固定为 0。

【例题分析】

1. 下列_____不属于信息技术。

A. 信息的获取与识别　　　　B. 信息的通信与存储

C. 信息的估价与出售　　　　D. 信息的控制与显示

分析:信息技术参见"本节要点"3。信息技术中不涉及信息的交易。

答案:C

2. 信息技术是扩展人们感觉器官、协助人们进行_____的一类技术。

分析:信息技术主要包括感测与识别技术、通信与存储技术、计算与处理技术、控制与显示技术。它们的基本功能是:

感测与识别技术用于扩展人的感觉器官功能,增强信息的感知范围、精度和灵敏度。

通信与存储技术用于扩展人的神经网络系统和记忆器官的功能,消除信息交流的空间障碍和时间障碍。

控制与显示技术用于扩展人的效应器官,增强信息的控制力和表现力。

答案:信息处理

3. 现代信息技术的主要特征是以_____为基础,以_____为核心。

分析:现代信息技术的主要特征是以数字技术为基础,以计算机为核心。数字技术就是用 0 和 1 两个数字来表示、处理、存储和传输一切信息的技术。而电子计算机一开始就采用了数字技术,它是信息处理中的最基本、最核心的设备。目前,通信和广播电视都在广泛采用数字技术,当然,这都离不开计算机。

答案:数字技术、计算机

4. 下面关于计算机中定点数与浮点数的叙述,正确的是_____。

    A. 定点数只能表示纯小数

    B. 浮点数尾数位数越多,数的精度就越高

    C. 定点的数值范围一定比浮点数的数值范围大

    D. 定点数就是用十进制表示的数

分析:计算机中的定点数既可以表示整数,也可以表示小数,其数值范围与数的位数等有关,它在计算机中当然也是用二进制表示。计算机中的浮点数由阶码和尾数两部分组成,其数值范围与阶码的表示范围有关,它的精度即有效位数与尾数的位数有关。

答案:B

5. 在下列各种进制的数中,_____数是非法数。

    A. $(999)_{10}$ B. $(678)_8$ C. $(101)_2$ D. $(ABC)_{16}$

分析:在 N 进制数中,采用的数字值应为 0 到 N−1。对于十进制,应为 0 到 9;对于八进制,应为 0 到 7;对于二进制,应为 0 和 1;对于十六进制,应为 0 到 9 及 A 到 F,其中 A 到 F 分别对应 10 到 15。

答案:B

6. 比特"1"一定大于比特"0"。

分析:比特,英文为 bit,即二进位。比特只有两种状态取值,或者为数字 0,或者为数字 1。但它没有大小和重量,它只表示两种状态。因此,不能说 1 状态比 0 状态大,也不能说 0 状态比 1 状态小。

答案:错误

7. 十进制整数转换为二进制整数与十进制小数转换为二进制小数采用同样的方法。

分析:十进制整数转换为二进制整数采用除以 2 取余数法;十进制小数转换为二进制小数采用乘以 2 取整数法。前者可以进行准确的转换,而后者有可能无法进行准确的转换,但可指定要转换的位数。

答案:错误

8. 负数使用补码表示时,其数值部分是对原数值位每一位取反后再在末位加_____。

分析:负数使用补码表示时,其数值部分是对原数值位每一位取反后再在末位加 1。另外要注意,是在末位加 1 而不是置 1,即取反后若末位是 1,则加 1 后要产生进位。

答案:1

9. 16个二进制位带符号整数,若采用补码编码,数据的取值范围是_____。

分析:n个二进制位带符号整数,若采用补码编码,数据的取值范围是-2^{n-1}~$+2^{n-1}-1$。在计算机的补码编码中,"0"占据了一个符号位为0的编码值,所以符号位为1的负数数量比符号位为0的正数数量多一个。

答案:$-32\ 768$~$32\ 767$

10. GB18030、GBK、GB2312-80三种汉字编码互不兼容。

分析:GB 2312—80共有汉字6 755个,包括所有的简化汉字,不包括繁体字;GBK包括了GB 2312—80中的全部汉字以及大量的繁体字等,汉字增加到21 000多个,完全兼容GB 2312;GB 18030是为了与国际标准接轨,同时也为了与GBK、GB 2312兼容,包括了日、韩等国使用的汉字,汉字增加到27 000多个。

答案:错误

11. 目前计算机中最广泛使用的西文字符编码是_____。

分析:ASCII码,即美国标准信息交换码,是目前计算机中最广泛使用的西文字符编码。它的扩充码已被ISO定为国际标准。其他西文字符编码现已不太常用。

答案:ASCII

12. 计算机中的字符形状有两种描述方法:_____和_____。

分析:汉字的显示或打印输出,需要将汉字的描述信息预先输入到计算机中,建立汉字库,西文字符也需要建立字库。点阵描述是用$N \times M$的矩阵来描述,其中黑点用"1"表示,白点用"0"表示。轮廓描述是用一组曲线来勾划字符,每个曲线用一定的数学式子来描述。轮廓描述精度高,字的大小变化时字形保持不变。

答案:点阵描述;轮廓描述

13. 字库主要用于字符输入。

分析:计算机中文本中的字符是用二进制编码表示的,为了显示和打印这些字符,必须把字符的代码转换成该字符的图形。为此,人们设计了所有字符的形状描述信息,将它们预先存放在计算机内,以备输出之用,这就是字库。

答案:错误

1.4　大数据与云计算技术

【本节要点】

1. 大数据是一种规模大到在获取、存储、管理、分析方面大大超出了常规软件工具能力范围的数据集合，具有海量的数据规模、快速的数据流转、多样的数据类型和价值密度低四大特征。

2. 大数据技术的战略意义不在于掌握庞大的数据信息，而在于对这些含有意义的数据进行分析处理挖掘。

3. 大数据无法用单台计算机进行处理，必须采用并行计算架构。大数据技术横跨多个技术领域，包括数据存储、数据管理、数据挖掘、并行计算、云计算、分布式文件系统、分布式数据库、虚拟化技术等。

4. 云计算是一种分布式计算模式，是分布式计算、并行计算、效用计算、网络存储、虚拟化、负载均衡、热备份冗余等技术与网络技术融合发展的产物。云计算是通过网络将庞大的计算处理程序自动分拆成无数个较小的子程序，再交由多个服务器所组成的庞大系统经搜寻、计算分析之后将处理结果回传给用户。

【例题分析】

1. 当今时代，人们可以明显感受到大数据的来势凶猛。有资料显示，目前每天全球互联网流量累计达到 EB 数量级。作为计算机存储容量单位，1EB 等于＿＿＿＿＿＿字节。

　　A．2 的 40 次方　　　　　　　　B．2 的 50 次方

　　C．2 的 60 次方　　　　　　　　D．2 的 70 次方

分析：1 KB (Kilobyte 千字节)＝1 024 B＝2^{10}B，

1 MB (Megabyte 兆字节 简称"兆")＝1 024 KB，

1 GB (Gigabyte 吉字节 又称"千兆")＝1 024 MB，

1 TB (Trillionbyte 万亿字节 太字节)＝1 024 GB，

1 PB (Petabyte 千万亿字节 拍字节)＝1 024 TB，

1 EB (Exabyte 百亿亿字节 艾字节)＝1 024 PB＝2^{60}B，

1 ZB (Zettabyte 十万亿亿字节 泽字节)＝1 024 EB，

1 YB（Yottabyte 一亿亿亿字节 尧字节）＝1 024 ZB，

1 BB（Brontobyte 一千亿亿亿字节）＝1 024 YB。

答案：C

2. 大数据技术在_____层实现大数据的存储与共享。

    A. 基础架构层   B. 数据管理层

    C. 数据分析层   D. 大数据应用层

分析：大数据无法用单台计算机进行处理，必须采用并行计算架构。大数据技术横跨多个技术领域，包括数据存储、数据管理、数据挖掘、并行计算、云计算、分布式文件系统、分布式数据库、虚拟化等。

大数据技术的架构可以分为四层：基础架构层、数据管理层、数据分析层、大数据应用层。

基础架构层是最低层，实现大数据的存储与共享、存储虚拟化、计算虚拟化、网络虚拟化、云平台和云安全等。

数据管理层将结构化数据和非结构化数据进行一体化管理，包括数据传输和查询；涉及数据并行计算和分布式计算。

数据分析层提供大数据分析工具，包括数据挖掘和机器学习算法、数据可视化等，帮助企业进行大数据分析，挖掘数据的价值。

大数据应用层针对某些领域开发基于大数据的应用，例如，市场预测、行为预测、选举预测、犯罪预测、商品推荐、智能交通、网络舆情分析、欺诈检测、洗钱甄别等。

答案：A

3. 百度网盘为用户提供一个存储空间，因此不需要云计算的支撑。

分析：云计算是一种分布式计算模式，是分布式计算、并行计算、效用计算、网络存储、虚拟化、负载均衡、热备份冗余等技术与网络技术融合发展的产物。百度网盘流量达 EB 级，是大数据网络存储的典型应用，其解决方案自然离不开云计算的支撑。

答案：错误

1.5 人工智能基础知识

【本节要点】

1. 人工智能是研究人类智能活动的规律,构造具有一定智能的人工系统,研究如何让计算机去完成以往需要人的智力才能胜任的工作,也就是研究如何应用计算机的软硬件来模拟人类某些智能行为的基本理论、方法和技术。

2. 人工智能学科研究的主要内容包括:知识表示、自动推理、机器学习、知识处理系统、自然语言理解、计算机视觉、智能机器人、自动程序设计等方面。

【例题分析】

1. 下列不属于计算机视觉应用的是_____。
   A. 人脸识别　　　　　　　　B. 无人超市
   C. 二维码识别　　　　　　　D. 无人驾驶

分析:计算机视觉是使用计算机及相关设备对生物视觉的一种模拟。它的主要任务就是通过对采集的图片或视频进行处理以获得相应场景的三维信息,例如,人脸识别、无人驾驶、无人超市等。二维码识别则属于文本处理的范围。

答案:C

2. 用户在使用手机百度进行新闻浏览时,手机百度会自动推送曾经访问过的相关信息,说明手机百度采用了人工智能技术。

分析:人工智能学科研究的主要内容包括:知识表示、自动推理、机器学习、知识处理系统、自然语言理解、计算机视觉、智能机器人、自动程序设计等方面,其涉及的处理方式也不相同,采取的手段因内容而各异。手机百度进行新闻浏览的自动推送功能实际上是其自动推理、机器学习和自然语言理解等综合应用。

答案:正确

1.6 软件工程基础知识

【本节要点】

1. 软件工程是研究和应用如何以系统性的、规范化的、可定量的过程化方法

开发和维护软件的一门学科。软件工程的思想是把经过时间考验而证明正确的管理技术和当前能够应用的技术结合起来,将工程化方法应用于软件开发过程。同任何事物一样,一个软件产品或软件系统也要经历孕育、诞生、成长、成熟、衰亡等阶段。

2. 软件生命周期是指软件的产生直到报废或停止使用的生命周期,包括问题定义、需求分析、系统设计、程序编码、软件测试、软件运行、软件维护到报废等阶段。

【例题分析】

1. 开发一项关于"学生信息管理系统"的设计任务时,从软件工程角度看,下列不属于软件工程考虑范围的是＿＿＿＿＿＿。
   A. 软件测试　　　　　　　　B. 软件维护
   C. 软件设计　　　　　　　　D. 软件著作权

分析:软件工程的思想是把经过时间考验而证明正确的管理技术和当前能够应用的技术结合起来,将工程化方法应用于软件开发过程。它涉及软件体系结构、构件、接口、以及系统或构件的其他特征,还涉及软件设计质量分析和评估、软件设计的符号、软件设计策略和方法等。而软件著作权是对软件的法律保护,不在软件工程的考虑范围。

答案:D

2. 软件测试是软件工程的一个方面,只能由计算机专业人员来完成。

分析:在软件设计完成后要经过严密的测试,以发现软件在整个设计过程中存在的问题并加以纠正。测试的方法主要有白盒测试和黑盒测试两种,因而参与测试的人员可以来自多个方面,测试的效果也会更加好。

答案:错误

1.7 信息安全与网络空间安全

【本节要点】

1. 网络空间安全就是网络领域的安全,涉及在网络空间中的电子设备、电子信息系统、运行数据、系统应用中存在的安全问题,分别对应四个层面:设备、系统、数据、应用。网络空间安全的研究内容包括密码学、物理安全、网络安全、系统安全、应用安全、信息安全、数据安全、舆情分析、隐私保护等。

2. 网络信息安全技术:真实性鉴别、访问控制、数据加密、数据完整性、数据可用性、防止否认、审计管理等。

3. 计算机病毒:一些人蓄意编制的一种具有寄生性和自我复制能力的计算机程序。

● 特点:破坏性、隐蔽性、传染性和传播性、潜伏性。

● 危害:破坏软硬件和网络。

● 杀毒软件:从一定程度可以检测与消除计算机病毒。滞后于计算机病毒的出现,不是万能的,最重要是做好数据备份。

【例题分析】

1. 下面关于网络信息安全措施的叙述中,正确的是_____。

    A. 带有数字签名的信息是未泄密的

    B. 防火墙可以防止外界接触到内部网络,从而保证内部网络的绝对安全

    C. 数据加密的目的是在网络通信被窃听的情况下仍然保证数据的安全

    D. 使用最好的杀毒软件可以杀掉所有的病毒

分析:信息安全技术包括真实性鉴别、访问控制、数据加密、数据完整性、数据可用性、防止否认等,数字签名目的是让对方相信信息的真实性,而泄密的途径多种,数字签名并不能保证的信息内容没有通过其他方式被泄密;没有一种技术能够保证绝对安全;数据加密的目的是在网络通信被窃听的情况下仍然保证数据的安全;没有一种杀毒软件可以杀掉所有的病毒,因为新病毒是先于杀毒软件可以解决他之前出现的。

答案:C

2. 下列叙述中正确的是_____。

    A. 计算机病毒只传染给可执行文件

    B. 计算机病毒是后缀名为"exe"的文件

    C. 计算机病毒只会通过后缀名为"exe"的文件传播

    D. 所有的计算机病毒都是人为制造出来的

分析:计算机病毒都是人为制造出来的,具有潜伏性、传染性、破坏性、不可预见、主动攻击性等特点,可以传染多种文件。

答案:D

3. 信息化建设的核心是_____。

A. 基础设施建设   B. 信息技术与信息资源的应用

C. 信息产品制造业的不断发展   D. 信息资源的开发和建设

分析:信息化建设包括三个层面,其中信息技术与信息资源的应用是核心与关键。

答案:B

4. 数字签名主要目的是鉴别消息来源的真伪,它不能保证消息在传输过程中是否被篡改。

分析:数字签名目的是让对方相信信息的真实性,如果消息在传输过程中被篡改,数字签名技术可以及时发现。

答案: 错误

5. 信息化对工业化的作用显而易见,信息化可以逐步代替工业化。

分析:工业化的发展直接导致信息化的出现,但是信息化的发展必须借助工业化的手段,两者是有本质差别但又有联系的概念。

答案:错误

1.8 集成电路技术简介

【本节要点】

1. 微电子技术是信息技术领域中的关键技术,它以集成电路为核心。集成电路以半导体单晶片作为材料。目前使用的半导体材料通常是硅(Si),也可以是化合物半导体,如砷化镓(GaAs)。

2. 集成电路根据它所包含的晶体管数目,可以分为小规模、中规模、大规模、超大规模和极大规模集成电路。

3. 集成电路按所用晶体管结构、电路和工艺,可以分为双极型、MOS 型、双极 MOS 型等几类。

集成电路按照功能,可以分为数字集成电路和模拟集成电路;

集成电路按照用途,可以分为通用集成电路和专用集成电路。

4. 集成电路的特点是体积小、重量轻、可靠性高。集成电路的工作速度主要取决于晶体管的尺寸。单块集成电路的集成度,平均每 18～24 个月翻一番,这就是有名的 Moore 定律。

5. 正在发展的纳米芯片技术和光电子集成技术,将把信息技术推向一个更高的发展阶段。

6. IC 卡,即集成电路卡,它能可靠地存储数据和读取数据。

IC 卡按照功能,可以分为存储器卡、加密存储器卡以及 CPU 卡。

按照使用方式,可以分为接触式 IC 卡和非接触式 IC 卡。

【例题分析】

1. 下列_____材料不是集成电路使用的半导体材料。

    A. 硅   B. 铜   C. 锗   D. 砷化镓

分析:半导体材料是指可以制成单向导电元件的材料,目前,用得最广泛的是硅。在早期,锗也普遍使用。在化合物半导体方面,砷化镓有一定实用性。铜是一种导体,虽然它不是半导体材料,但在微电子工业中,铜是非常重要的材料。

答案:B

2. 下列_____不是集成电路的主要的晶体管结构。

    A. 单极型集成电路   B. 双极型集成电路

    C. MOS 型集成电路   D. 双极 MOS 型集成电路

分析:集成电路的分类参见"本节要点"3 。双极型集成电路主要指其基本单元中有两种稳定的状态。不过要指出,也存在一种稳定状态的电路,只是使用不普遍。

答案:A

3. 集成电路的集成度将永远符合 Moore 定律。

分析:Intel 公司的创始人之一 Moore 在 1965 年预测,单块集成电路的集成度,每 18~24 个月翻一番。近 30 年来,微处理器的集成度大体是按这个规律发展的。当晶体管的基本线条小到纳米级时,晶体管已逼近其物理极限,它将无法正常工作,因此,到一定时候,Moore 定律将失去它的正确性。不过,纳米技术的出现,给微电子的发展带来新的前景。

答案:错误

4. 微电子技术以_____为核心。

分析:微电子技术是在电子电路和系统的超小型化及微型化过程中逐渐形成和发展起来的。早期的微电子电路集成度比较低,一块芯片上只集成了几个门电路或触发器。随着微电子技术的迅猛发展,一块芯片上可集成几百万甚至更多的电子元件。

答案:集成电路

5. 第二代身份证使用_____卡制成的。

  A. 磁　　　　　　B. IC　　　　　　C. 条码　　　　　　D. 穿孔

分析： 第二代身份证使用非接触式 IC 卡。IC 卡把集成电路芯片密封在塑料卡基片内部，使其成为能存储、处理和传递数据的载体。与磁卡相比，它不受磁场的影响，能可靠地存储数据。

答案： B

【习题练习】

一、选择题

1. 现代集成电路使用的半导体材料通常是_____。

  A. 铜　　　　　　B. 铝　　　　　　C. 硅　　　　　　D. 碳

2. 如一个集成电路芯片包含 20 万个电子元件，则它属于_____集成电路。

  A. 小规模　　　　　　　　　　B. 中规模

  C. 大规模　　　　　　　　　　D. 超大规模

3. 一般而言，信息处理不包括_____。

  A. 查明信息的来源与制造者　　B. 信息的收集与加工

  C. 信息的存储与传递　　　　　D. 信息的控制与显示

4. 目前个人计算机中使用的电子器件主要是_____。

  A. 晶体管　　　　　　　　　　B. 中小规模集成电路

  C. 大规模或超大规模集成电路　D. 光电路

5. 下列说法中，错误的是_____。

  A. 集成电路是微电子技术的核心

  B. 硅是制造集成电路常用的半导体材料

  C. 现代集成电路制造技术已经用砷化镓取代了硅

  D. 微处理器芯片属于超大规模集成电路

6. 下列_____不属于计算机信息处理的特点。

  A. 极高的处理速度　　　　　　B. 友善的人机界面

  C. 方便而迅速的数据通信　　　D. 免费提供软硬件

7. 下列有关 Moore 定律正确叙述的是_____。

  A. 单块集成电路的集成度平均每 8～14 个月翻一番

  B. 单块集成电路的集成度平均每 18～24 个月翻一番

C. 单块集成电路的集成度平均每 28～34 个月翻一番

D. 单块集成电路的集成度平均每 38～44 个月翻一番

8. 十进制数"13",用三进制表示为_____。

    A. 101   B. 110   C. 111   D. 112

9. 下列各数都是五进制数,其中_____对应的十进制数是偶数。

    A. 111   B. 101   C. 131   D. 100

10. 一个某进制的数"1A1",其对应十进制数的值为 300,则该数为_____。

    A. 十一进制   B. 十二进制   C. 十三进制   D. 十四进制

11. 下列不同进位制的四个数中,最小的数是_____。

    A. 二进制数 1100010   B. 十进制数 65

    C. 八进制数 77   D. 十六进制数 45

12. 计算机中使用二进制的主要原因是具有_____稳定状态的电子元器件比较容易制造。

    A. 1   B. 2   C. 3   D. 4

13. "两个条件同时满足的情况下结论才能成立"相对应的逻辑运算是_____。

    A. 加法   B. 逻辑加   C. 逻辑乘   D. 取反

14. 逻辑运算中的逻辑加常用符号_____表示。

    A. ∨   B. ∧   C. _   D. ⊙

15. 下面关于计算机中定点数与浮点数的叙述,正确的是_____。

    A. 定点数只能表示纯小数

    B. 浮点数尾数越长,数的精度就越高

    C. 定点数的数值范围一定比浮点数的数值范围大

    D. 定点数就是用十进制表示的数

16. 下列有关"权值"表述正确的是_____。

    A. 权值是指某一数字符号在数的不同位置所表示的值的大小

    B. 二进制的权值是"二",十进制的权值是"十"

    C. 权值就是一个数的数值

    D. 只有正数才有权值

17. 下列有关"基数"表述正确的是_____。

    A. 基数是指某一数字符号在数的不同位置所表示的值的大小

    B. 二进制的基数是"二",十进制的基数是"十"

C. 基数就是一个数的数值

D. 只有正数才有基数

18. 3个比特的编码可以表示_____种不同的状态。

    A. 3   B. 6   C. 8   D. 9

19. 为确保企业局域网的信息安全,防止来自因特网的黑客入侵,采用_____可以实现一定的防范作用。

    A. 防火墙软件   B. 网络计费软件

    C. 邮件列表   D. 防病毒软件

20. 二进制数 10111000 和 11001010 进行逻辑"与",运算结果再与 10100110 进行了"或"运算,其结果的十六进制形式为_____。

    A. A   B. DE   C. AE   D. 95

21. 做无符号二进制加法:$(11001010)_2 + (00001001)_2 = $_____。

    A. 11001011   B. 11010101   C. 11010011   D. 11001101

22. 做无符号二进制减法:$(11001010)_2 - (00001001)_2 = $_____。

    A. 11001001   B. 11000001   C. 11001011   D. 11000011

23. 做下列逻辑加法:$11001010 \lor 00001001 = $_____。

    A. 00001000   B. 11000001   C. 00001001   D. 11001011

24. 做下列逻辑乘法:$11001010 \land 00001001 = $_____。

    A. 00001000   B. 11000001   C. 00001001   D. 11001011

25. 根据两个一位二进制数的加法运算规则,其和为 1 的正确表述为_____。(不考虑低位来的进位)

    A. 这两个二进制数都为 1   B. 这两个二进制数都为 0

    C. 这两个二进制数不相等   D. 这两个二进制数相等

26. 根据两个一位二进制数的加法运算规则,其进位为 1 的正确表述为_____。(不考虑低位来的进位)

    A. 这两个二进制数都为 1   B. 这两个二进制数中只有一个 1

    C. 这两个二进制数中没有 1   D. 这两个二进制数不相等

27. 用八进制表示一个字节的无符号整数,最多需要_____。

    A. 1 位   B. 2 位

    C. 3 位   D. 4 位

28. 用十六进制表示一个字节的无符号整数,最多需要_____。

    A. 1 位   B. 2 位   C. 3 位   D. 4 位

29. 用八进制表示 32 位二进制地址，最多需要_____。
    A. 9 位　　　　　B. 10 位　　　　　C. 11 位　　　　　D. 12 位

30. 用十六进制表示 32 位二进制地址，最多需要_____。
    A. 5 位　　　　　B. 6 位　　　　　C. 7 位　　　　　D. 8 位

31. 下列数中，最大的数是_____。
    A. $(00101011)_2$　B. $(052)_8$　　C. $(44)_{10}$　　D. $(2A)_{16}$

32. 下列数中，最小的数是_____。
    A. $(213)_4$　　　B. $(132)_5$　　C. $(123)_6$　　D. $(101)_7$

33. 下列关于"1KB"准确的含义是_____。
    A. 1 000 个二进制位　　　　　B. 1 000 个字节
    C. 1 024 个二进制位　　　　　D. 1 024 个字节

34. 下列关于"1 kb/s"准确的含义是_____。
    A. 1 000 b/s　　　　　　　　B. 1 000 字节/s
    C. 1 024/s　　　　　　　　　D. 1 024 字节/s

35. 十进制数"－43"用 8 位二进制补码表示为_____。
    A. 10101011　　B. 11010101　　C. 11010100　　D. 01010101

36. 十进制算式 7×64＋4×8＋4 的运算结果用二进制表示为_____。
    A. 111001100　　B. 111100100　　C. 110100100　　D. 111101100

37. 发现计算机硬盘上的病毒后，彻底的清除方法是_____。
    A. 紫外线高温消毒　　　　　B. 及时用杀毒软件处理
    C. 格式化硬盘　　　　　　　D. 删除硬盘的所有文件

38. 数字"1"的 ASCII 码为十进制 49，数字"9"的 ASCII 码为_____。
    A. 55　　　　　B. 56　　　　　C. 57　　　　　D. 58

39. "a"的 ASCII 码为 97，"F"的 ASCII 码为_____。
    A. 68　　　　　B. 69　　　　　C. 70　　　　　D. 71

40. "H"的 ASCII 码为 72，"f"的 ASCII 码为_____。
    A. 100　　　　　B. 101　　　　　C. 102　　　　　D. 103

41. 以下编码中，在我国港台地区使用的是_____。
    A. GBK　　　　B. GB 2312　　C. BIG 5　　　D. GB 18030

42. 为了与国际标准 UCS 接轨，我国发布新的汉字国家标准是_____。
    A. GBK　　　　B. GB 2312　　C. GB 18030　　D. ASCII 码

43. GB 2312 国标字符集共有_____汉字。

A. 4 000 多个　　B. 6 000 多个　　C. 8 000 多个　　D. 10 000 多个

44. GB 2312 中的一级常用汉字,以汉语拼音为序,共有_____个汉字。

A. 2 008　　　　B. 2 755　　　　C. 3 008　　　　D. 3 755

45. GB 2312 中的二级常用汉字,以偏旁部首为序,共有_____个汉字。

A. 2 008　　　　B. 2 755　　　　C. 3 008　　　　D. 3 755

46. GB 18030—2000 包含的汉字数目有_____个。

A. 10 000 多　　B. 20 000 多　　C. 30 000 多　　D. 40 000 多

47. 国际标准化组织(ISO)将世界各国和地区使用的主要文字符号进行统一
编码的方案称为_____。

A. UCS/Unicode　　　　　　　　B. GB 2312

C. GBK　　　　　　　　　　　　D. GB 18030

48. 若计算机中相邻两个字节的内容其十六进制形式为 34 和 51,则它们不可
能是_____。

A. 2 个西文字符的 ASCII 码　　B. 1 个汉字的机内码

C. 1 个 16 位整数　　　　　　　D. 一条指令

49. 下列四个选项中,按照其 ASCII 码值从小到大排列的是_____。

A. 数字、英文大写字母、英文小写字母

B. 数字、英文小写字母、英文大写字母

C. 英文大写字母、英文小写字母、数字

D. 英文小写字母、英文大写字母、数字

50. 下面关于我国汉字编码标准的叙述,其中正确的是_____。

A. Unicode 是我国最新发布的也是收字最多的汉字编码国际标准

B. 同一个汉字的不同造型(如宋体、楷体等)在计算机中的内码不同

C. 在 GB 18030 汉字编码国家标准中,共有 2 万多个汉字

D. GB 18030 与 GB 2312 和 GBK 汉字编码不兼容

51. 汉字字形主要有两种描述方法,点阵字形和_____字形。

A. 仿真　　　　B. 轮廓　　　　C. 矩形　　　　D. 模拟

52. 若中文 Windows 环境下西文使用标准 ASCII 码,汉字采用 GB2312 编
码,设有一段文本的内码为 CBF5D0B45043CAC7D5B8,则在这段文本
中,含有_____。

A. 2 个汉字和 1 个西文字符　　B. 4 个汉字和 2 个西文字符

C. 8 个汉字和 2 个西文字符　　D. 4 个汉字和 1 个西文字符

53. 中文标点符号"。"在计算机中存储时占用_____个字节。

    A. 1   B. 4   C. 3   D. 2

54. 输出汉字时,首先根据汉字的机内码在字库中进行查找,找到后,即可显示(打印)汉字,在字库中找到的是该汉字的_____。

    A. 外部码   B. 交换码

    C. 信息码   D. 字形描述信息

55. 与点阵描述的字体相比,Windows 中使用的 TrueType 轮廓字体的主要优点是_____。

    A. 大小变化时能保持字形不变   B. 具有艺术字体

    C. 过程简单   D. 可以设置成粗体或斜体

56. 下列字符中,其 ASCII 码值最大的是_____。

    A. 9   B. a   C. D   D. 空格

57. 汉字的显示与打印,需要有相应的字形库支持,汉字的字形主要有两种描述方法:点阵字形和_____字形。

    A. 仿真   B. 轮廓   C. 矩形   D. 模拟

58. 在下列汉字编码中,不支持繁体汉字的是_____。

    A. GB 2312—80   B. GBK

    C. BIG—5   D. GB 18030

59. 在网上进行银行卡支付时,常常弹出动态"软键盘",让用户输入银行帐户密码,其最主要的目的是_____。

    A. 方便用户操作

    B. 尽可能防止"木马"盗取用户信息

    C. 提高软件的运行速度

    D. 为了查杀"木马"病毒

60. 下列 4 种措施中,可以增强网络信息安全的是_____。

    (1)身份认证   (2)访问控制   (3)数据加密   (4)数字签名

    A. 仅(1)、(2)、(3)   B. 仅(1)、(3)、(4)

    C. 仅(1)、(2)、(4)   D. (1)、(2)、(3)、(4)均可

61. 下列关于"木马"病毒的叙述中,错误的是_____。

    A. 一台 PC 机只可能感染一种"木马"病毒

    B. "木马"运行时,比较隐蔽,一般不会在任务栏上显示出来

    C. "木马"运行时,会占用系统的 CPU、内存等资源

D. "木马"运行时,可以截获键盘输入,从而盗取用户的口令、账号等私密信息

62. 如果发现计算机磁盘已染有病毒,则一定能将病毒清除的方法是_____。

    A. 将磁盘格式化

    B. 删除磁盘中所有文件

    C. 使用杀毒软件进行杀毒

    D. 将磁盘中文件复制到另外一个磁盘中

63. 计算机病毒是指_____。

    A. 编制有错误的程序

    B. 设计不完善的程序

    C. 已经被损坏的程序

    D. 特制的具有自我复制和破坏性的程序

二、是非题

1. 信息是认识主体所感知或所表述的事物运动及其变化方式的形式、内容和效用。 (　)

2. 30 年来,集成电路技术的发展,大体遵循单块集成电路的集成度平均每 18～24 个月翻一番的规律,未来的十多年还将继续遵循这个规律,这就是著名的 Moore 定律。 (　)

3. 信息技术是指用来取代人的信息器官功能,代替人类进行信息处理的一类技术。 (　)

4. 电子计算机是在 20 世纪 50 年代诞生的。 (　)

5. 微型计算机属于第 2 代计算机。 (　)

6. 16 个二进制位表示的正整数的取值范围是 $0～2^{16}$。 (　)

7. 带符号的整数,其符号位一般在最低位。 (　)

8. 在用补码表示 8 个二进制位带符号整数时,其取值范围是 $-127～+127$。 (　)

9. 采用补码形式,减法可以化为加法进行。 (　)

10. 若数据采用 8 位编码格式,则 $(-3)_原=10000011,(-3)_补=11111101$ (　)

11. GB 18030—2000 向下兼容于 GB 2312、GBK。 (　)

12. GB 2312 国标字符集中的 3 000 多个一级汉字是按汉语拼音排列的。 (　)

13. 数字签名功能之一是通过采用加密的附加信息来验证消息发送方的身份，以鉴别消息来源的真伪。　　　　　　　　　　　　　（　　）

三、填空题

1. 信息技术是扩展人们_____、协助人们进行_____的一类技术。

2. 扩展人们感觉器官功能的信息技术有_____技术。

3. 扩展人们神经网络功能的信息技术有_____技术。

4. 扩展人们思维器官功能的信息技术有_____技术。

5. 扩展人们效应器官功能的信息技术有_____技术。

6. 协助人们综合使用各种信息技术的系统称为_____系统。

7. 现代信息技术的主要特征是采用_____技术（包括激光技术）。

8. 现代信息技术的三项核心技术是_____、_____和计算机。

9. 微电子技术是以_____为核心的电子技术。

10. 电子器件的发展经历了_____、_____和集成电路三个阶段。

11. 集成电路的英语缩写是_____。

12. 集成电路按功能可分为数字集成电路和_____集成电路。

13. 集成电路按用途可分为通用集成电路和_____集成电路。

14. 设内存的容量为 1MB 时，若首地址的十六进制表示为 00000H，则末地址的十六进制表示为_____H。

15. 新一代计算机主要着眼于计算机的_____化。

16. 11 位补码可以表示的数值范围是－1 024～_____。

17. 最基本的逻辑运算有三种，即逻辑加、取反以及_____。

18. 组成二进制信息的最小单位是_____。

19. 8 个二进制位表示的不带符号整数的取值范围是_____。

20. 带符号的整数，其符号位用_____表示正数，用_____表示负数。

21. 8 个二进制位用原码方式表示的带符号整数的取值范围是_____。

22. 与十进制数 677 等值的十六进制数是_____。

23. 若数据采用 8 位编码格式，则（－5）$_原$＝_____，（－5）$_补$＝_____。

24. 在采用 GB2312 标准系统中，汉字内码的两个字节的最高位置"1"，是为了避免与用于西文编码的_____码混淆不清。

第 2 章　计算机硬件

2.1　计算机的组成

【本节要点】

1. 计算机系统 ＝ 硬件系统 ＋ 软件系统。

2. 冯·诺依曼结构：以"存储程序"为工作方式的逻辑结构（有些教材中，称之为"存储程序控制"）。

3. "存储程序"工作原理：为解决问题首先编写程序，程序和数据存入到计算机的存储器中；需要执行程序时，把存储在存储器中的程序和数据送入 CPU 执行，且根据程序中规定的顺序自动逐条执行指令，直至程序执行结束。

4. 计算机硬件的逻辑组成

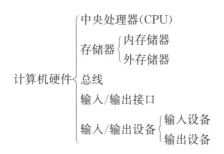

【例题分析】

1. 任何计算机系统都是由＿＿＿＿＿组成。

　　A. 计算机和 Windows 系统　　　　B. CPU、内存和系统总线

　　C. 硬件系统和软件系统　　　　　　D. 显示器、主机箱、键盘和鼠标器

分析：计算机系统组成与计算机硬件组成是两个不同的问题。CPU、内存、系统总线、显示器、主机箱、键盘和鼠标器都属于计算机硬件组成部件，操作系统是计算机系统中最基本的系统软件，Windows 仅是微软推出的 PC 机操作系统（操作系

统详情见第 3 章内容），所以，A、B 和 D 都没有准确回答出计算机系统组成的问题。硬件系统和软件系统构成计算机系统。

答案：C

2. 从逻辑功能上讲，计算机硬件主要由_____部件组成。

    A. CPU、存储器、输入/输出设备和总线等

    B. CPU、主存

    C. 主机和外存储器

    D. 显示器、主机箱、键盘和鼠标器

分析：计算机硬件组成可参照"本节要点"4。通常把计算机硬件中主要部件，同时又相对稳定不变的部分，如 CPU、内存储器和总线统称为主机，其他部件，如外存储器和输入/输出设备统称为外设。对于 D，显示器、主机箱、键盘和鼠标器可能是某台 PC 台式机的物理部件，不同计算机呈现的物理部件有差异，如台式机和笔记本。物理部件和逻辑功能部件有着不同的含义。

答案：A

3. 下列叙述中，违反了"存储程序"思想的是_____。

    A. 解决问题的程序和需要处理的数据都存放在存储器中

    B. 由 CPU 取出指令并执行它所规定的操作

    C. 人控制着计算机的全部工作过程，完成数据处理的任务

    D. "存储程序"的思想由冯·诺依曼提出，并且现在使用的计算机都遵循这一原理进行工作

分析：在"存储程序"的工作原理中，计算机的工作自动化是由程序控制实现的。所以"存储程序"又称为"存储程序控制"。C 是错误的。

答案：C

4. 计算机工作时，CPU 所执行的程序和处理的数据都是直接从硬盘中取出，结果也直接存入硬盘。

分析：按照"存储程序"原理，CPU 从存储器中取出指令执行。这里的存储器是内存储器，而不是外存储器。

答案：错误

5. "存储程序"思想是个人计算机的工作原理，对巨型机和大型机不适用。

分析："存储程序"原理是冯·诺依曼提出，我们使用的计算机都基于"存储程序"原理工作，非冯·诺依曼结构的计算机在研究中，没有普及使用。

答案：错

2.2　中央处理器

【本节要点】

1. 在计算机内部,程序的基本单位是指令。

● 指令的形式:二进制

● 指令的格式: | 操作码 | 地址码 |

操作码:告诉计算机做何种操作

地址码:指令要处理的数据或数据的位置

2. 指令系统:一台计算机能执行的全部指令的集合就构成了该计算机的指令系统。

3. 根据指令系统的计算机分类

● CISC(Complex Instruction Set Computer):复杂指令集计算机;

● RISC(Reduced Instruction Set Computer):精简指令集计算机。

4. 指令系统的兼容性

● 同一个公司开发的系列处理器通常采用"向下兼容方式":新处理器保留老处理器的所有指令,同时扩充功能更强的新指令。

例如,Intel 公司的微处理器 Pentium → Pentium PRO → Pentium Ⅱ → Pentium→Pentium 4→Pentium D→core 2→core i5/i7 均采用"向下兼容方式"。

● 有些不同厂家开发的处理器具有相同的基本结构和共同的指令系统,保持指令系统的相互兼容。

例如,AMD 或 Cyrix 公司的微处理器与 Pentium 的指令系统一致,相应的计算机亦兼容。

● 不同公司的处理器不一定相互兼容。

例如,Pentium 处理器与 IBM 公司的 Power PC 微处理器的指令系统不兼容。

● CISC 与 RISC 一定不兼容。

软件在兼容的计算机上通用。

5. CPU 的任务:执行指令(或运行程序)。

6. CPU 的主要功能部件:通用寄存器、算术逻辑单元(ALU)、控制器、指令计数器和指令寄存器。

● 通用寄存器:暂存数据。

- ALU:完成数据的算术运算和逻辑运算。
- 控制器:CPU 的指挥中心,协调和控制计算机的各个部件统一工作。
- 指令计数器:存放 CPU 下一条要执行指令的地址。
- 指令寄存器:存放 CPU 正在执行的指令。

7. 一条指令执行的三个基本阶段:取指令、分析指令和执行指令。

- 取指令:指令从存储器送到 CPU 的指令寄存器中。
- 分析指令:对指令寄存器中的指令操作码进行译码,分析指令性质。
- 执行指令:控制器有序地发出控制信号,数据通路上的部件有序地传送数据或执行操作,完成指令的具体功能。

在指令执行过程中,会修改程序计数器(PC)的值,决定下一条指令的地址。

8. 计算机系统性能:通常指系统响应时间,是计算机完成某任务所需的总时间,包括硬盘访问、内存访问、I/O 操作、操作系统开销和 CPU 执行时间等。

9. CPU 的性能:主要指 CPU 运行用户程序代码的时间。

CPU 性能指标:机器字长、主频(CPU 时钟频率)、CPU 总线速度、处理器的微架构、处理器芯片的集成度、内核数量等。

10. 微处理器的分类

- 按处理信息的字长:如 32 位微处理器、64 位微处理器等。
- 按用途:中央处理器(CPU)、图形处理器(GPU)、音频处理单元(APU)等。
- 按指令集:CISC 和 RISC 两类。
- 按应用领域:服务器应用、个人计算机应用、嵌入式应用等。

【例题分析】

1. 下列叙述中,正确的是 _____。

   A. 虽然微处理器有多种类型,但它们的指令系统是完全一样的,因此,一个软件可以在不同的计算机上运行

   B. 计算机中运行的程序连同它处理的数据都使用二进位表示

   C. 为解决某一问题而编写的一连串指令,称为指令系统

   D. 在计算机的机器指令中可以有汉字

分析:不同厂家生产的微处理器,它们的指令系统是可以不同的,这才有指令兼容的问题。为解决某一问题而编写的一连串指令组成了一份程序,一台计算机能执行的所有指令的集合构成了该机的指令系统,两者是不同的。机器指令是二进位形式的,包括操作码和地址码两部分,汉字可以是某条指令处理的数据,但不

可能作为操作码或地址码的内容,因此,机器指令中不可能有汉字。

　　答案:B

2. 在 Pentium 计算机上开发的机器语言程序,在下列_____计算机上不能
　　执行。

　　　A. Macintoch　　　B. core i3　　　C. core i7　　　D. core 2

　　分析:Pentium、core 2、core i3 和 core i7 都是 Intel 公司生产的微处理器,属于
CISC 风格,并按时间先后依次推出,它们采用"向下兼容方式"。Macintoch 采用
Power PC 微处理器,属于 RISC 风格,故 Pentium 与 Power PC 互不兼容。

　　答案:A

3. 计算机的工作是通过 CPU 一条一条地执行_____来完成。

　　　A. 用户命令　　　B. 机器指令　　　C. 汇编语句　　　D. BIOS 程序

　　分析:CPU 的工作就是不断地执行指令。指令是二进位形式的,又称为机器
指令。

　　答案:B

4. 计算机中的机器指令由_____组成。

　　　A. 十进制代码　　　　　　　　B. 操作码和地址码

　　　C. 英文字母和数字　　　　　　D. 运算符和操作数构成的表达式

　　分析:机器指令存放在存储器中,由 CPU 取出执行,它是"0""1"二进位形式
组成的,如"0000 0001 1111 0000 0111 0000 0000 0000",这就排除了 A 和 C 选项。
为了方便书写和调试机器指令,常把机器指令用符号化的汇编语句表示,如"add
A,C,F",汇编语句中包含有英文字母或数字,机器指令与汇编语句有对应关系,
但计算机是不能识别和直接执行汇编语句,必须转化为机器指令才能执行。运算
符一般指算术运算或逻辑运算的符号,如"＋"和"－",它与操作码是两个不同的
概念。

　　答案:B

5. 个人计算机的核心部件是_____。

　　　A. 微处理器　　　B. 运算器　　　C. 控制器　　　D. Core

　　分析:早期运算器和控制器是独立元件,现在运算器和控制器都已集成在一
块半导体芯片上,称为微处理器,是个人计算机的核心部件。Core 只是 Intel 生产
的一种微处理器的品牌,Intel 生产的微处理器有多种,也有多个厂家生产着不同
的微处理器。

　　答案:A

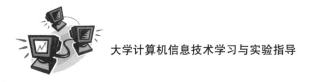
2.3 存 储 器

【本节要点】

1. 存储器的分类

- 按存储介质:半导体器件、磁性材料和光介质。
- 按存取方式:随机存取方式、顺序存储方式和直接存取方式。
- 按信息可保存性:易失性存储器和非易失性存储器。
- 按承担的作用:高速缓冲存储器(cache)、主存储器和辅助存储器。
- 按 CPU 的可访问性:内存和外存。

2. 半导体存储器

$$半导体存储器 \begin{cases} RAM \begin{cases} DRAM:主存储器 \\ SRAM:高速缓冲存储器 \end{cases} \\ ROM:例如闪存(Flash\ Memory),用于存放\ BIOS、构成优盘等 \end{cases}$$

3. 存储器的主要性能指标:容量、速度和成本

半导体存储器的存取时间单位是 ns,硬盘是 ms。

4. 存储器的层次结构

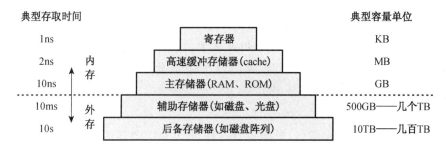

典型存取时间			典型容量单位
1ns	内	寄存器	KB
2ns		高速缓冲存储器(cache)	MB
10ns	存	主存储器(RAM、ROM)	GB
10ms	外	辅助存储器(如磁盘、光盘)	500GB——几个TB
10s	存	后备存储器(如磁盘阵列)	10TB——几百TB

5. 主存储器

- DRAM＋ROM 芯片组成。

DRAM 芯片焊成内存条,内存条插在主板的 DIMM 插槽中。

ROM 由闪存构成,插在主板上,存放基本输入输出系统(BIOS)。

- 内存条的主流类型:DDR、DDR2、DDR3 和 DDR4。
- 主存储器容量＝地址数×每个存储单元的字节数。

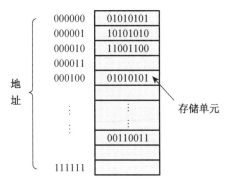

图 2-14　主存储器地址和存储单元

PC 机中,每个主存储器单元存放一个字节信息,称为按字节编址,存储容量单位用 MB(2^{20} 字节)、GB(2^{30} 字节)和 TB(2^{40} 字节)等表示。

6.　机械式硬盘存储器:硬盘的盘片、磁头及其驱动机构全部密封在一起,构成一个密封的组合件。

● 硬盘存储器:由磁盘片、硬盘驱动器和硬盘控制器组成。

● 物理地址参数:磁头号(盘面号)、磁道号(柱面号)和扇区号。

● 硬盘容量＝磁头数×柱面数×每个磁道扇区数×每个扇区容量。

　　每个扇区容量一般为 512B 或 4KB。

● 硬盘读写过程:

寻道:移动磁头,磁头定位到柱面号指定的磁道位置。

旋转等待:旋转盘片,磁头定位到扇区号指定的扇区位置。

数据读写:由磁头号指定的磁头读写该磁头定位的扇区数据。

● 在 PC 机中,一个物理硬盘常划分为多个逻辑硬盘来使用,如 C:\、D:\和 E:\等。

● 硬盘接口:SATA 接口,早期是 IDE 接口(ATA 标准)。

● 硬盘的速度相对内存慢得多,因为数据的读写过程中有机械运动。

● 硬盘和内存之间交换数据的基本单位是扇区。

硬盘存储器的基本编址单位是扇区。

在 Windows 操作系统环境下,文件系统为一个文件分配存储空间的基本单位是簇,每个簇由若干个扇区组成。

7.　光盘存储器:一种采用聚焦激光束在盘形介质上高密度地记录信息的存储装置。

- 光盘存储器:光盘片＋光盘驱动器。
- 接口:SATA 接口和 USB 接口,早期 IDE 接口。
- 光盘上记录数据的是一条由里向外连续的螺旋道。存储数据原理是在盘上压制凹坑,凹坑的边缘用来表示"1",凹坑内外的平坦部分表示"0",使用激光读出信息。
- 光盘速度慢于硬盘。
- 按激光类型光盘分类:红光的 CD 盘、DVD 盘和蓝光的 BD 盘。

（1）光驱

- CD:CD 只读光驱,CD 刻录机。
- DVD:DVD 只读光驱,DVD 刻录机。
- BD:BD 只读光驱,BD 刻录机。
- 组合光驱:CD 刻录机与 DVD 只读光驱的结合,又称 COMBO(康宝)。

（2）光盘片

- CD:CD-ROM、CD-R、CD-RW。
- DVD:DVD-ROM、DVD-R、DVD＋R、DVD-RAM、DVD-RW、DVD＋RW。
- BD:BD-ROM、BD-R、BD-RW。

从 CD 到 DVD,再到 BD,存储容量依次增大。

8. 移动硬盘

- 接口:有线使用 USB、eSATA,无线使用 WiFi 或蓝牙。
- 即插即用、热插拔。
- 体积小,重量轻,便于携带。
- 容量大,速度快,防震性能好。

9. 闪烁存储器:包括优盘、存储卡、固态硬盘。

（1）优盘(U 盘)

- 存储介质:闪存(Flash Memory)。
- 接口:USB 接口。
- 可以引导操作系统启动。
- 支持即插即用,在 Windows 2000 以上版本的操作系统中包含了优盘驱动程序,只要插上优盘就可以使用。

（2）存储卡

- 存储介质:Flash Memory。
- 类型:如 SD 卡、CF 卡、MMC 卡等。

● 读卡器:将存储卡作为移动存储设备进行读写的接口设备。

（3）固态硬盘

● 基于闪存(Flash Memory)的一种外存储器,替代硬盘使用。

● 与常规硬盘相比:具有低功耗、无噪音、抗震动、低热量的特点。

● 目前存在的问题:成本高于常规硬盘、存在写入寿命。

【例题分析】

1. 在个人计算机中,若主存储器的地址编号为 0000H 到 7FFFH,则该存储器容量为_____。

    A. 32KB   B. 7FFFB   C. 1MB   D. 8000B

分析: 个人计算机中主存储器每个地址存储一个字节,地址范围从 0000H 到 7FFFH,有 8000H＝2^{15} 个地址数,所以存储器容量为 $2^{15} * 1B＝32KB$

答案: A

2. 使用静态随机存取存储器(SRAM)可以组成一种_____存储器,它的速度几乎与 CPU 一样快。

    A. 高速缓冲   B. 主存储器   C. 优盘   D. 移动硬盘

分析: 静态随机存取存储器(SRAM)的特点是速度快、成本高,一般做成小容量的高速缓冲存储器。动态随机存取存储器(DRAM)速度相对慢,成本相对便宜,用来构成容量较大的主存储器。优盘和移动硬盘都不是由 RAM 组成,而是由 Flash Memory 构成,速度比 CPU 慢很多。

答案: A

3. 下列关于只读存储器 ROM 的叙述,正确的是_____。

    A. ROM 是一种易失性存储器

    B. 所有 ROM 中存储的数据都是由工厂在生产过程中一次写入,此后,再也无法对数据进行修改

    C. 用户可以使用专用装置对 ROM 写入信息,写入后的信息再也不可以修改

    D. ROM 由半导体集成电路构成

分析: ROM 由半导体集成电路构成,能够永久或半永久保存信息。可以分为 MASK ROM、PROM、EPROM 和 Flash Memory 等品种,不同种类的 ROM,存储信息的原理不一样,信息的读写方式也有差别。B 是 MASK ROM 的特点,C 是 PROM 的特点,不能认为是所有 ROM 的特点。

答案：D

4. 计算机断电后,内存储器中的信息将全部消失。

分析：内存储器包含高速缓冲存储器和主存储器,主存储器包含 RAM 和 ROM。断电后,高速缓冲存储器和 RAM 中信息会消失,ROM 中的信息并不会消失。

答案：错误

5. 计算机中建立存储器层次结构体系的目的是为了保证存储器的可靠性。

分析：计算机中建立存储器层次结构体系的目的是为了使存储器的性能/价格比得到优化。

答案：错误

6. 用户保存某一文件时,若弹出对话框提示用户存储空间不够,可能是指_____写满或容量不足。
   A. ROM   B. RAM   C. 磁盘   D. CD-ROM

分析：保存文件的操作,是将内存的信息存储到外存储器的过程。提示存储空间不够,应是外存储器的空间不足。磁盘和CD-ROM是外存储器,但CD-ROM是只读存储器,用户不可以写入信息。

答案：C

7. 硬盘驱动器采用的磁头是_____。
   A. 浮动式磁头   B. 接触式磁头
   C. 固定式磁头   D. 都不正确

分析：硬盘驱动器采用的磁头是非接触式磁头。磁头悬浮在高速转动的盘片上,距离很小,大约 $0.01\mu m$,因此,硬盘需在无灰尘、无污染的环境中工作。

答案：A

8. 磁盘的磁面上有很多半径不同的同心圆,这些同心圆称为 _____。
   A. 扇区   B. 磁道   C. 磁柱   D. 磁头

分析：磁盘表面由外向里分成许多个同心圆,每个圆称为一个磁道,每条磁道还要分成若干扇区,每个扇区的容量一般为 512B 或 4KB,存储一个数据块。一个硬盘包含多个盘片,所有盘片上相同的磁道构成一个柱面。

答案：B

9. 当你需要携带部分数据时,你选择将数据存储于下列_____存储器中为宜。
   ①硬盘   ②优盘   ③主存储器   ④移动硬盘

A. 仅①　　　　B. 仅③　　　　C. 仅①④　　　　D. 仅②④

分析：需要携带数据，应该选择可移动的外存储器。适合的是②和④项。

答案：D

10. 硬盘存取速度快于优盘，而移动硬盘的数据读出速度比硬盘快得多。

分析：按存取速度排序：硬盘＞移动硬盘＞优盘＞光盘

答案：错误

11. 在 PC 机中，存储器的编址单位是字节。

分析：存储器分为内存储器和外存储器，在 PC 机中，内存储器的编址单位是字节。外存储器的编址单位不是字节。例如，硬盘是外存储器，硬盘上数据的物理地址编码由磁头号、柱面号和扇区号组成，基本编址单位是扇区。

答案：错误

12. 一台计算机上装有光盘驱动器，则该计算机可以读取任何类型光盘中存放的信息。

分析：不同类型的光盘配不同类型的光驱。CD-ROM 光驱可以读出 CD 光盘片中的信息。DVD 光驱可以读出 CD 和 DVD 光盘中的信息。

答案：错误

13. 直径相同的光盘片存储信息的容量也相同。

分析：三类 CD 光盘片的信息记录轨道是相同的，直径相同的 CD 光盘片存储信息的容量是相同的。但 DVD 光盘片记录信息分单面单层、单面双层、双面单层和双面双层，所以，直径相同的 DVD 光盘片存储信息的容量不一定相同。直径相同的 DVD 盘片比 CD 盘片容量大。

答案：错误

14. 硬盘的存储容量是衡量其性能的重要指标。假设一个硬盘有 2 个盘片，每个盘片有 2 面，每个面有 10 000 个磁道，每个磁道有 1 000 个扇区，每个扇区的容量为 512 字节，则该磁盘的存储容量为_____GB。

分析：该硬盘存储容量(GB)＝2×2×10 000×1 000×512/(1 024×1 024×1 024)＝19.073 49(GB)

生产厂家计算的硬盘存储容量(GB)＝2×2×10 000×1 000×512/(1 000×1 000×1 000)＝20.48(GB)

生产厂家按 1GB＝10^9B 计算，所以在 Windows 系统中看到的硬盘容量值总是小于硬盘标定的存储容量值。

答案：20.48

15. 一台 PC 机,从"我的电脑"窗口中看到有 C:盘、D:盘和 E:盘,且都是本地磁盘,所以这台计算机装有三个硬盘。

分析: 硬盘是由盘片和驱动电路组成,它们密封在一个盒状装置内。一台计算机上硬盘只有一个。在操作系统的支持下,一个物理硬盘可以逻辑上划分为几个分区,每一个分区看作是一个逻辑硬盘,分别标示为 C:、D:、E:。Windows 系统中的系统程序 fdisk.exe 可以实现一个物理硬盘的逻辑分区操作。

答案: 错误

2.4 总线与 I/O 接口

【本节要点】

1. **总线:**是计算机部件之间传输信息的一组公用的信号线及相关控制电路。

● **系统总线:**指连接 CPU、存储器和 I/O 模块之间的总线的统称。

● **CPU 总线:**又称前端总线,将 CPU 连接到北桥芯片的总线。

存储器总线:是连接主存储器的总线。

● **I/O 总线:**即主板总线,用于连接 I/O 设备控制器与 CPU、内存之间的信息交换。

● 系统总线 $\begin{cases} \text{数据总线} & \rightarrow & \text{数据信号} \\ \text{地址总线} & \rightarrow & \text{地址信号} \\ \text{控制总线} & \rightarrow & \text{控制信号} \end{cases}$

● **总线控制器:**协调与控制总线操作。

● **总线性能:**总线带宽(MB/s)

总线带宽(MB/s)=(数据线宽度/8)×总线时钟频率(MHz)×每个总线周期的传输次数。

2. **PCI:**早期的 I/O 总线。

PCI-E:I/O 总线的新标准,采用高速串行传输,以点对点的方式与主机进行通信。

● **规格:**PCI-Ex1、PCI-Ex4、PCI-Ex8 和 PCI-Ex16。

● **例如,**显卡采用 PCI-Ex16 接口,声卡采用 PCI-Ex1 接口。

3. **PC 机中主机与 I/O 设备的连接**

CPU 和内存(主机)—I/O 总线—I/O 控制器—插座—电缆—I/O 设备。

● I/O 操作:实现 I/O 设备与主机之间的数据传输。

● I/O 总线:用于 I/O 控制器与主机(CPU、存储器)之间数据传输。

● I/O 控制器:I/O 设备的专用控制器,如 USB 控制器、磁盘控制器、显卡、声卡和网卡等。

● I/O 接口:把 I/O 控制器和对应的连接器插座合在一起称为 I/O 接口,I/O 接口一头连着 I/O 总线与主机连接,一头连着电缆与 I/O 设备连接。

● I/O 设备接口:连接 I/O 设备的连接器插座以及相应的通信规程及电气特性称为 I/O 设备接口。

● I/O 设备:输入/输出设备(外设)。

4. 常用 I/O 设备接口:PS/2 接口、USB 接口、DVI 接口、HDMI 接口、VGA 接口等。

5. USB 接口

● 总线式中高速串行接口。

● USB2.0 和 USB3.0 的最大数据传输速率分别达到 480 Mb/s 和 5.0 Gb/s。

● 使用"USB 集线器",一个 USB 接口最多能连接 127 个外设。

● 通过 USB 接口由主机向外设提供+5V、100~500 mA 电源。

● 符合即插即用规范,支持热插拔。

【例题分析】

1. 在 PC 机中,音响设备通过声卡连接到_____,再连接到主机。

  A. PCI-E 总线　　　　　　　B. I/O 接口

  C. USB 接口　　　　　　　　D. DIMM 插槽

分析:PCI-E 总线是 PC 机的 I/O 总线,将外设与主机连接起来。外设通过 I/O 控制器连接在 I/O 总线上。

答案:A

2. 下列对 USB 接口的叙述,错误的是_____。

  A. 它是一种中高速的可以连接多个设备的串行接口

  B. 它符合即插即用规范,可以热插拔设备

  C. 一个 USB 接口最多能连接 127 个设备

  D. 常用外设,如鼠标器,是不使用 USB 接口的

分析:鼠标器以前使用 RS-232 串口、PS/2 接口等,现在也使用 USB 接口。

答案:D

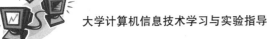

3. 下列关于系统总线的叙述,正确的是_____。

    A. 计算机中各个组成单元之间传送信息的一组传输线构成了计算机的系统总线

    B. 计算机系统中,若 I/O 设备与 I/O 总线直接连接,不仅使得 I/O 设备的更换和扩充变得困难,而且整个计算机系统的性能将下降

    C. 系统总线分为输入线、输出线和控制线,分别传送着输入信号、输出信号和控制信号

    D. 总线最重要的性能是数据传输速率,也称为总线的带宽。总线带宽与数据线的宽度无关,与总线工作频率有关

分析:系统总线是用于连接 CPU、内存储器、外存储器、输入设备、输出设备等部件,并在它们之间高速传递信息。各个组成单元之间传送信息的一组传输线不一定是系统总线,如 CPU 内寄存器组与 ALU 之间的连线不属于系统总线。

系统总线上传输的信号有数据信号、地址信号和控制信号,因此,系统总线分为数据总线、地址总线和控制总线。

总线带宽的计算公式:总线带宽(MB/s)=(数据线宽度/8)×总线时钟频率(MHz)×每个总线周期的传输次数,所以,总线带宽与数据线的宽度和总线工作频率都有关。

故 A、C 和 D 都错。

若 I/O 设备与 I/O 总线直接连接,则 CPU 运行的应用程序需要直接与 I/O 设备交互,显然程序的运行效率将下降,同时每更换 I/O 设备,相应的应用程序都得重新编写。

答案:B

4. PC 机配有多种类型的 I/O 设备接口,下列对串行接口的叙述,正确的是_____。

    A. 慢速设备连接的 I/O 设备接口就是串行接口

    B. 串行接口按位传输数据

    C. 一个串行接口只能连接一个外设

    D. 串行接口的数据传输速率一定低于并行接口

分析:串行接口与并行接口的区分,是按数据传输的并行性划分,而不是依据数据传输的速率差异。串行接口是按位传输信息,并行接口是 8 位、16 位或 32 位等多位信息并行传输。USB 接口是串行接口,采用了差分信号传输方式,并提升了控制器工作频率,因此,它比一些并行接口的传输速率要高,慢速设备和快速设

备都可以采用 USB 接口,如打印机、鼠标、优盘、移动硬盘、数码相机等。

　　答案: B

2.5　常用输入设备

【**本节要点**】

　　1. 输入设备用于向计算机输入命令、数据、文本、声音、图像和视频等信息。

　　2. 键盘:将字母、数字、标点符号等信息送入计算机。

　　● 接口:PS/2 接口、USB 接口和无线接口等。

　　3. 鼠标器:一种手持式的定位设备,能方便地控制屏幕上的光标移动到指定的位置,并通过按键完成各种操作。在 windows 环境下,鼠标器是图形用户界面中普遍使用的输入设备。

　　● 光电鼠标器:无机械零件,工作速度快,准确性和灵敏度高。分辨率高,定位精度高。

　　● 接口:PS/2 接口、USB 接口和无线接口等。

　　● 类似鼠标器的设备:操纵杆、触摸屏等。

　　4. 触摸屏:是一种定位设备,兼有鼠标和键盘的功能,用户可以直接用手向计算机输入坐标信息,还可以用手写汉字输入。

　　● 应用:(1)便携式设备,如平板电脑、智能手机、MP4 播放器、GPS 定位仪等。

　　(2)博物馆、酒店等公共场所的多媒体电脑和查询终端。

　　5. 扫描仪:将原稿(如照片、图片、书稿等)的影像输入计算机的一种图像输入设备。

　　● 核心部件:感光元件和模数(A/D)转换器。

　　● 感光元件:CCD(Charge Coupled Device) 和 CIS(Contact Image Sensor)。

　　6. 数码相机:利用电子传感器把光学影像转换成电子数据的一种图像输入设备。

　　● 成像芯片(数码相机的核心):CCD 和 CMOS。

　　● 存储器:由闪存(Flash Memory)组成的存储卡,如 MMC 卡、SD 卡等。

　　● 主要性能:像素数目、存储容量、光学变焦倍数、数字变焦倍数等。

　　7. 传感器:把自然界中的信息量转换为电信号的装置或元件。

- 传感器的存在使得物体有了味觉、嗅觉和触觉的感官。
- 传感器组成：敏感元件、转换元件、变换电路和辅助电源。

【例题分析】

1. 鼠标器通常有两个按键，至于按动按键后计算机实现什么功能，则由_____决定。
   A. Window 操作系统　　　　B. 鼠标器硬件本身
   C. 鼠标器的驱动程序　　　　D. 正在运行的软件

分析：鼠标器通常有两个按键：左键、右键。按动按键后，计算机做什么，由正在运行的软件决定。

答案：D

2. 微型计算机的键盘上用于输入上档字符和转换英文大小写字母输入的键是_____。
   A. ＜F3＞键　　　　　　　　B. ＜Home＞键
   C. ＜Shift＞键　　　　　　　D. ＜Insert＞键

分析：＜F1＞键～＜F12＞键是功能键，其功能由操作系统及运行的应用程序决定。＜Home＞键用于将光标移动到开始位置，如一个文档的起始位置或一行的开始处。＜Shift＞键用于输入上档字符和转换英文大小写字母输入。＜Insert＞键用于在输入字符时，进行插入方式和改写方式的切换。

答案：C

3. 当您需要将一幅照片输入计算机时，在下列提供的输入设备中，您会选择_____作为输入设备。
   A. 鼠标器　　B. 键盘　　　C. 扫描仪　　D. 绘图仪

分析：键盘用于输入字符的，如数字、中西文字等。鼠标器用于屏幕中的精确定位，在图形化用户界面中使用。扫描仪（借助软件）将图片、照片、书稿等转换为计算机中的图像文件。绘图仪是输出设备。

答案：C

4. 数码相机是图像输入设备，在成像过程中三个芯片起到了重要作用。其中将光信号转换为模拟电信号的是_____芯片。
   A. A/D　　　　B. CCD　　　C. DSP

分析：数码相机中有三个重要的芯片，它们是数码相机成像的三个重要阶段。CCD 芯片的作用是将光信号转换为模拟电信号，称它为光电转换器件；A/D 芯片

的作用是将模拟电信号转换为数字电信号,称它为模/数转换器件;DSP 芯片的作用是对数字信号进行压缩编码处理,称它为数字信号处理器。

答案：B

5. 一台 200 万像素的数码相机,可以拍摄最大_____分辨率的照片。

  A. 1 024×2 048   B. 1 600×1 200

  C. 1 920×1 440   D. 2 560×1 920

分析：数码相机所拍摄的数字相片的分辨率通常表示为:水平方向像素点数量×垂直方向像素点数量。这个表达式的乘积就是一幅数字相片的总像素点数量。数码相机所拍摄的数字相片的分辨率的乘积必须小于或等于数码相机的总像素数目。

答案：B

6. 在 Windows 操作系统中,按下_____键可将当前屏幕上焦点窗口显示的全部内容复制到剪贴板中。

  A. Ctrl   B. Alt

  C. Esc   D. Alt+Print Screen

分析：Alt 和 Ctrl 必须与其他键组合使用,其含义由应用程序决定。Esc(Escape 的缩写),经常用于退出一个程序或操作。Print Screen 将当前屏幕的全部内容复制到剪贴板中。Alt+Print Screen 将当前屏幕上焦点窗口显示的全部内容复制到剪贴板中。

答案：D

7. 一架数码相机,一次可以连续拍摄 65 536 色的 1 024×1 024 的彩色相片 40 张,如不进行数据压缩,则它使用的 Flash 存储器容量是_____MB。

分析：65 536＝2^{16},因此,一个像素点的色彩位数是 16 位。不进行数据压缩,一张相片需要的存储容量＝1 024×1 024×16 位＝1 024×1 024×16/(1 024×1 024×8)(MB)＝2 MB。40 张相片需要的存储容量＝2×40＝80 MB。

答案：80

2.6　常用输出设备

【本节要点】

1. 显示器:一种图文输出设备。数字信号转换为光信号后,将图形和文字显示出来。

显示器 { 显示适配卡(显卡)
组　成 { 监视器:平时看到的显示器。监视器通过显卡连接到主板上。

2. 显卡:又称显示接口卡、显示适配卡,承担输出显示图形的任务。

显卡 {
显示存储器(VRAM):又称为帧存储器、刷新存储器、显存。
绘图处理器:又称为图形加速芯片,是显卡的核心。
显示控制电路:负责光栅扫描、同步、画面刷新等。
接口电路:负责显卡与 CPU 或内存的数据交换,目前主流是 PCI-Ex16 接口。

显卡:集成显卡、独立显卡和核心显卡三类。

● 集成显卡是将显示芯片及其相关电路都集成在主板上,不带有独立显示存储器,使用系统的一部分主存作为显示存储器。

● 独立显卡是指将显示芯片、显示存储器及其相关电路单独做在一块电路板上,自成一体而作为一块独立的板卡存在,它插在主板的扩展插槽中。

● 核心显卡是 Intel 产品的新一代图形处理核心,将图形核心(GPU)与处理核心(CPU)整合在同一块基板上,构成一颗完整的处理器。

显卡的接口分为主机接口(PCI-Ex16 接口)和视频输出接口(VGA、DVI 和 HDMI)。

3. 显示器分类:CRT 显示器、液晶显示器和等离子显示器。

显示器主要性能参数:显示屏尺寸、分辨率、刷新速率、可显示颜色数目、辐射和环保。

显示器的分辨率:整屏可显示像素的数量,用水平分辨率×垂直分辨率表示。

4. 打印机:一种硬拷贝图像与文字输出设备。

打印机性能指标:打印精度、打印速度、色彩数目、打印成本。

打印机类型

类型	打印方式	耗材	特点
针式打印机	击打式	色带	能多层套打,打印质量差,耗材成本低
激光打印机	非击打式	硒鼓(带碳粉)	高质量、高速度、价格适中
喷墨打印机	非击打式	墨水	在彩色打印中有优势
热敏打印机	加热方式	热敏纸	速度快、噪音低、打印清晰,字迹遇光照会消失

5. 3D打印机:把数据和原料放进 3D 打印机中,机器会按照程序把产品一层

层造出来,是一种通过逐层打印的方式来构造物体的设备。

【例题分析】

1. 显卡中的_____是用于存储显示屏上所有像素的颜色信息。

    A. 显示控制电路   B. 显示存储器

    C. 接口电路   D. CRT 显示器

分析: 显示存储器存储显示屏上所有像素的颜色信息,屏幕刷新时,将 VRAM 中的信息读出,送到监视器去显示。

答案: B

2. 分辨率是衡量显示器的一个重要指标,它指的是整屏可显示_____的多少,一般用类似_____的形式来表示。

    A. 像素 、1 024 * 768   B. ASIIC 字符 、320 dpi

    C. 汉字 、320 dpi   D. "0"或"1"、1 024 * 768

分析: 显示器的分辨率是指整屏可显示像素的数量,用水平分辨率×垂直分辨率表示。

答案: A

3. 在下列的打印机中,_____打印质量不高,但打印成本便宜,因而在银行柜台普遍使用。

    ① 针式打印机   ② 激光打印机   ③ 喷墨式打印机

    A. 仅①和② B. 仅①   C. 仅③   D. 仅①和③

分析: 激光打印机和喷墨打印机的打印质量高,但打印成本也高。相对来说,针式打印机打印质量差,但打印成本低。在银行、商业领域中存折、票据等打印时,一般采用针式打印机。

答案: B

4. 若彩色显示器的 RGB 三基色分别使用 6 个二进位表示,那么它大约可以显示_____种不同的颜色。

    A. 约 1 600 万   B. 约 26 万

    C. 18 万   D. 6.5 万

分析: $2^6 \times 2^6 \times 2^6 = 262\ 144$

答案: B

5. 下面关于喷墨打印机特点的叙述,错误的是_____。

    A. 能输出彩色图像,打印效果好

B. 打印时噪音不大

C. 需要时可以多层套打

D. 墨水成本高,消耗快

分析:A、B、D 项都是喷墨打印机的特点,喷墨打印机是非击打式打印机,所以不能多层套打,C 错误。

答案:C

6. 打印机与主机的接口除使用并行口之外,目前常采用_____。

    A. RS-232-C   B. USB

    C. IDE   D. IEEE-488

分析:以前使用串行口和并行口的设备,现在已越来越多地使用 USB 接口。打印机就是一个典型例子。

答案:B

7. 显示器是 PC 机不可缺少的一种输出设备,它通过显卡与主机相连。下列有关 PC 机显卡的叙述,正确的是_____。

    A. 显卡中的显示存储器完全独立于系统内存

    B. 目前 PC 机使用的显卡其分辨率大多达到 $1\,024\times768$,但可显示的颜色数目还不超过 65 536 种

    C. 显示存储器中的数据可以由显卡上的绘图处理器生成,也可以在主板芯片组的控制下从内存取得

    D. 目前显卡用于显示存储器与系统内存之间传输数据的接口都是 AGP 接口

分析:显示存储器(VRAM)做在显卡中,物理上完全独立于系统内存,但 VRAM 与内存统一编址,在逻辑上是一个整体,CPU 可直接访问 VRAM。一个像素可显示出多少种颜色,由表示这个像素的二进位位数决定。目前大多数显卡上的显示存储器都支持用 24 位二进位存储一个像素的颜色编码值,因此显示的颜色数目可达到 2^{24}。目前显卡使用性能更好的是 PCI-Ex16 接口。

答案:C

2.7 个人计算机的组成

【本节要点】

1. PC 机的组成

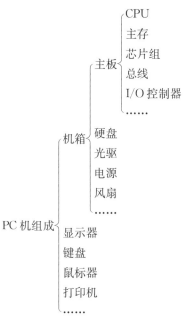

2. 主板的主要组成

● CPU 插座。

● 内存条插槽。

● 扩展插槽:PCI 插槽、PCI-E 插槽和 SATA 接口等。

● I/O 设备接口:USB、PS/2,网络接口等。

● 芯片组:集中了主板上的控制功能。

● 集成的 I/O 控制器:如集成在主板的显卡、声卡等。

● BIOS 芯片:采用闪烁存储器(Flash memory),存放基本输入/输出系统(BI-OS)。

● CMOS 芯片:存放系统的有关参数,如日期、时间、口令等。

● 电池:计算机断电后,给 CMOS 供电。

3. 芯片组

● PC 机各组成部分相互连接和通信的枢纽。

● Intel

(1) 两块超大规模集成电路:北桥芯片(MCH)＋南桥芯片(ICH)。

(2) 单芯片:PCH(Platform Controller Hub)。

(3) 双芯片:IOH＋ICH(Input Output Hub,I/O Controller Hub)。

- 根据 CPU 的类型或参数选用不同的芯片组。
- 相同芯片组的主板,其功能基本相同。

4. BIOS:基本输入/输出系统。

- PC 机软件中最基础的部分。
- 存放在主板上的 ROM 中,近年来采用闪存。
- 一组机器语言程序。
- 启动计算机、诊断故障、控制低级输入/输出操作。
- 加电自检程序、系统自举装载程序、CMOS 设置程序、基本 I/O 设备的驱动程序和中断服务程序。

5. UEFI:统一的可扩展固件接口

- 一种新的计算机启动方式
- 实现硬件初始化和引导操作系统安装

6. 外设工作需要驱动程序。驱动程序保存位置有以下三种情况:

- 固化在 BIOS 中,如键盘、硬盘、显示器、软驱等。
- 保存在硬盘上,如声卡、网卡、扫描仪、打印机等。
- 保存在扩充卡上,如显示卡。

【例题分析】

1. 当接通 PC 机电源时,系统首先执行_____程序。

    A. 系统自举   B. POST

    C. CMOS 设置   D. 基本外围设备的驱动

分析:微机启动时,先进行硬件故障诊断,在测试硬件无致命错误的情况下,调入操作系统。因此,系统首先执行 BIOS 程序中的系统自检程序,即 POST 程序。

答案:B

2. PC 机的主板集成了许多部件,下面_____部件不可能集成在主板上。

    A. 硬盘   B. 显卡   C. 声卡   D. PCIE 总线

分析:整个 PC 机是以主板为纽带,将计算机各个组成部件连接起来,并提供各组成部件之间的通信。PCIE 总线集成在主板上,并提供 PCIE 总线插槽,以供相应的 I/O 控制器接插。有一些显卡、声卡就直接集成在主板上,高价主板也集成红外通讯技术、蓝牙和 802.11(WiFi)等功能。硬盘的接口 SATA 或 IDE 集成在主板上,硬盘仅通过 SATA 接口或 IDE 接口与主板连接,硬盘不可能集成在主板上。

答案:A

3. 下列关于芯片组的叙述,正确的是_____。

    A. 芯片组与 CPU 的类型必须匹配

    B. 所有外部设备的控制功能都集成在芯片组中

    C. 存储控制和 I/O 控制功能都由芯片组提供

    D. 芯片组是指 CPU 芯片、内存芯片等

分析:早期 Intel 的主板芯片组指北桥芯片和南桥芯片。北桥芯片主要负责实现与 CPU、内存和显卡接口之间的数据传输,同时还通过特定的数据通道和南桥芯片相连接。南桥芯片主要负责和硬盘设备、PCI 设备、声音设备、网络设备以及其他的 I/O 设备的沟通,所以,扩展槽的种类与数量、扩展接口的类型和数量(如 USB2.0/1.1,IEEE1394,串口,并口,笔记本的 VGA 输出接口)等由芯片组中南桥芯片决定。因此,芯片组是主板上重要的部分,决定了主板性能的好坏与级别的高低。现在 Intel 推出了"PCH 单芯片"(Platform Controller Hub)设计,北桥大部分功能集成于处理器上,例如,原来集成于北桥的内存控制器、PCI-E 控制器和显示核心移步至处理器芯片上;小部分北桥的功能集成于剩下的南桥芯片内。外部设备的控制功能一般由设备控制器提供。

答案:A

2.8　智能手机硬件解析

【**本节要点**】

1. 智能手机的重要硬件组成:CPU、RAM、ROM、GPU、屏幕、摄像头、电池、传感器、射频芯片。

● CPU 主要参数:核心数(单核、双核和四核),主频(1GHz、1.2GHz 及 1.5GHz)。

● RAM 是手机运行时的内存,容量一般为 512MB、1GB、2GB、4GB 和 6GB 等。

● ROM 用于安装手机操作系统、应用程序、存放照片、视频、文档等,手机出厂时就配置有 ROM 空间,用户还可以插接 Micro SD 存储卡扩展 ROM 空间。

● GPU 是手机的图形处理单元,相当于计算机的显卡。

● 触摸屏是手机的输入/出部件,触摸方式分为电阻屏和电容屏。

● 摄像头大多数采用 COMS 传感器类型,少数会采用 CCD 摄像头。

● 电池:锂电池。

● 传感器:距离传感器、加速传感器、重力传感器、三轴陀螺仪、气压计等。

● 射频芯片:射频发射芯片、GPS 导航天线、WIFI 无线网络芯片、NFC 进场传输芯片、蓝牙芯片。

2. 智能手机 CPU 的架构方式

基于 ARM 架构的处理器:三星、苹果等。

基于 x86 架构的处理器:联想、中兴、华硕、宏基、三星、摩托罗拉等。

3. SoC 芯片:在单一硅芯片上实现一个系统所具有的信号采集、转换、存储、处理和输入、输出(I/O)等功能的电路。SoC 芯片的典型代表为手机芯片。

【例题分析】

下列关于智能手机的叙述,错误的是_____。

A. 手机中的 CPU 也是多核芯的

B. 苹果手机采用基于 ARM 的指令集

C. 手机主板上也内置了各种丰富的扩展接口

D. 手机主要的硬件就是 SoC,即片上系统

分析:手机内部空间有限,不能像 PC 机主板那样内置各种丰富的扩展接口,手机上唯一可以扩展的只有外置 SD 卡。

答案:C

【习题练习】

一、选择题

1. 下列有关 CPU 的叙述,正确的是_____。

① 一台计算机可以有多个处理器,但承担系统软件和应用软件运行任务的中央处理器(CPU)只能有一个

② 大多数计算机只包含一个 CPU,为了提高处理速度,计算机也可以包含几十个、几百个,甚至几千个 CPU

③ CPU 处理的数据只有"0"和"1"两个符号表示的信息

④ 现在,随着大规模集成电路的发展,所有 CPU 芯片的设计标准是一样的。

A. ①③④   B. ②③   C. ②④   D. ③④

2. 下列关于计算机组成的描述,正确的是_____。

A. 中央处理器(CPU)、存储器、输入/输出设备等通过总线互相连接,构

成一台完整的计算机系统

  B. 中央处理器(CPU)、主存储器、外存储器、总线等构成了计算机的主机,键盘、鼠标和显示器、打印机构成计算机的 I/O 设备

  C. 计算机中的 I/O 设备一般都通过 I/O 设备接口与各自的控制器连接,再由控制器与 I/O 总线相连

  D. PC 机的硬盘放在主机箱中,所以硬盘存储器是计算机主机的一部分

3. 下列关于 CPU 的叙述,错误的是_____。

  A. Core i7 是 CPU 的一种型号

  B. CPU 中有一组存放数据的寄存器

  C. 不同的 CPU,其指令系统可能兼容

  D. CPU 的产品都是 Intel 公司生产的

4. 在 PC 机中,CPU、主存储器、外存储器和输入输出设备是通过_____连接起来的。

  A. 总线   B. 一组数据线 C. 扩展卡   D. I/O 接口

5. 在 CPU 中,用来对数据进行各种算术运算和逻辑运算的执行单元是_____。

  A. 控制器   B. ALU   C. 寄存器组   D. 指令寄存器

6. 天气预报中用于分析气象云图数据的计算机一般会采用_____计算机。

  A. 巨型   B. 大型   C. 小型   D. 个人

7. 在 Word 中,执行打开文件 C:\A. doc 操作,是将_____。

  A. 硬盘文件读至内存,同时送显示器

  B. 仅将硬盘文件送至显示器

  C. 优盘文件读至内存,同时送显示器

  D. 仅将优盘文件送至显示器

8. 用计算机进行图形制作时,正在绘制的图形存放在_____中。

  A. 磁盘   B. 硬盘   C. 内存   D. 光盘

9. 存储器是用来存储_____信息的主要部件。

  A. 十进制   B. 二进制   C. 八进制   D. 十六进制

10. Core 2 是指_____。

  A. 微处理器型号   B. 微机品牌

  C. 微机生产厂家   D. 微机速度代号

11. 下列选项中,与 CPU 性能无关的是_____。

    A. 硬盘容量   B. Cache 容量   C. 主频   D. 字长

12. 在 CORE i7 微处理器的结构中,为了提高处理器速度而采取了一些措施。下列叙述中错误的是_____。

    A. 整数执行部件的宽度是 64 位

    B. 处理器的主频不断保持成倍的升高

    C. 处理器采用多核结构,以并行计算提高性能

    D. 处理器中包含一组通用寄存器,用于临时存放运算的数据和结果

13. 下列叙述中,错误的是_____。

    A. Core 2 是 Intel 公司的系列微处理器产品

    B. 所有 PC 机都相互兼容,即一台计算机上能执行的软件在另一台 PC 机上也一定可以运行

    C. Power PC 与 Core 微处理器结构不同,指令系统也有很大差别

    D. Pentium II 机器上运行的程序一般可以在 Core 2 机器上执行

14. 下列有关 CPU 的结构的叙述,正确的是_____。

    ① CPU 主要由三部分组成,运算器、控制器和 Cache 存储器

    ② 在计算"3+5"时,加法运算是由 ALU 部件实现,控制器控制着加法运算的实现

    ③ CPU 中的指令 Cache 和数据 Cache 是用来临时存放参加运算的数据和得到的中间结果

    ④ CPU 中包含的整数寄存器的宽度与浮点数寄存器的宽度一样

    A. ①②③   B. ②③   C. ②   D. ③④

15. 为了提高处理器执行指令的速度,Core 2 系列微处理器在逻辑结构上采取了_____方式处理指令。

    A. 浮点运算器   B. 指令兼容   C. 流水线   D. 存储程序

16. 目前使用的 PC 机是基于_____原理进行工作的。

    A. 存储程序   B. 访问局部性

    C. 基准程序测试   D. 硬拷贝

17. 程序存储和程序控制为基础的计算机结构是_____提出的。

    A. 布尔   B. 冯·诺依曼   C. 图灵   D. 贝尔

18. 在 PC 机中,主存储器的基本编址单元是_____。

    A. 字   B. 字节   C. 位   D. b

19. 对存储器的每一个存储单元都赋予一个唯一的序号,作为它的_____。

    A. 地址　　　　B. 标号　　　　C. 容量　　　　D. 内容

20. 在 PC 机的主板中一般都配备有 DIMM 插槽,是用来插入_____。

    A. 单列直插式内存条　　　　　B. 双列直插式内存条

    C. DRAM 芯片　　　　　　　　D. SDRAM 芯片

21. 在计算机中,系统总线是连接计算机各部件的一组公共通信线,它由地址总线、数据总线和_____组成。

    A. 控制总线　　B. I/O 总线　　C. 地址信号　　D. 系统总线

22. 微机中扩展卡是_____与_____之间的接口。

    A. I/O 总线、外设　　　　　　B. CPU、外设

    C. 外设、外设　　　　　　　　D. 主存、外设

23. 在 PC 机中,操作系统的基本输入/输出系统(BIOS)存放在主板上的_____中。

    A. 82850E MCH　B. RAM　　　C. ROM　　　　D. CMOS

24. 下列关于 BIOS 的描述,正确的是_____。

    A. BIOS 称为基本输入/输出系统,是一组 C 语言程序

    B. BIOS 中包含有键盘、显示器等基本外围设备的驱动程序

    C. BIOS 程序存放在硬盘上,计算机接通电源后,BIOS 程序调入内存执行

    D. 在 BIOS 程序的执行过程中,对用户是屏蔽的,BIOS 也没有提供任何与用户的交互方式

25. 下列关于微机中 CMOS 设置程序的描述,错误的是_____。

    A. CMOS 设置程序属于基本输入/输出程序的一部分

    B. 用户可以对计算机设置口令,由 CMOS 设置程序对口令进行维护

    C. 计算机上的时钟信息也保存在 CMOS 中。在计算机的使用中,用户可以随时修改时间值

    D. 在计算机的使用中,用户可以随时启动 CMOS 设置程序,修改系统参数

26. 下列关于 PC 机主板的叙述,正确的是_____

    A. 不同厂家生产的主板,差异较大,因此,主板标准化是急需解决的问题

    B. 在主板上可安插有多种存储器芯片,例如,DRAM 芯片、ROM 芯片、CMOS 芯片

    C. 显示器通过插座直接安装在主板上

    D. PC 机主板上安装有电池,在计算机断开交流电后,临时给计算机提供电流

27. 下列关于存储器的叙述,错误的是_____。

    A. 计算机中的存储器有多种类型,通常存储器的存取速度越快,它的成本就越高

    B. 内存储器与外存储器相比,速度快,容量小

    C. 主存储器与 cache 存储器构成计算机的内存储器,可以被 CPU 直接访问

    D. 外存储器可以长久地保存信息,但成本相对内存要高

28. 下列有关输入/输出的叙述,错误的是_____。

    A. I/O 设备是指计算机组成中的输入/输出设备,I/O 设备都包含在 PC 机的主机箱内

    B. I/O 操作是一种在输入/输出设备与主存储器之间的信息传输过程

    C. I/O 操作与 CPU 的数据处理操作往往是并行进行的

    D. I/O 设备种类繁多,性能差异大,但它们能并行工作

29. 下列关于内存储器中的高速缓冲存储器 Cache 的叙述,错误的是_____。

    A. 高速缓冲存储器 Cache 是由动态随机存取存储器 DRAM 组成

    B. Cache 的功耗大,成本高,但速度快,它的速度几乎与 CPU 一样快

    C. 使用 Cache 的目的是为了弥补 CPU 与主存储器之间的速度差异

    D. Cache 的使用效率可以用"命中率"指标来衡量,即 CPU 需要的指令或数据在 Cache 中能直接找到的概率

30. 下列关于 I/O 控制器的叙述,正确的是_____。

    A. I/O 设备通过 I/O 控制器接收 CPU 的命令

    B. 所有 I/O 设备都使用统一的 I/O 控制器

    C. I/O 设备的驱动程序都存放在 I/O 控制器上的 ROM 中

    D. 随着芯片组电路集成度的提高,越来越多的 I/O 控制器都从主板的芯片组中独立出来,制作成专用的扩充卡(或适配卡)

31. 在由 Intel PCH 芯片构成的计算机中,下列叙述正确的是_____。

    A. PCH 芯片与 CPU 芯片的类型有关

    B. CPU 芯片与 PCH 芯片通过 I/O 总线连接

C．内存储器与外存储器直接与 CPU 芯片相连接

D．外部设备的所有控制功能都集成在 PCH 芯片上

32．下面关于 CPU 的说法中，错误的是_____。

　　A．CPU 的运算速度与主频、Cache 容量、指令系统、CPU 的逻辑结构等都有关系

　　B．RISC 和 CISC 的指令系统不相同

　　C．不同公司生产的 CPU 其指令系统互相不兼容

　　D．Core 2 与 Core i7 的指令系统保持向下兼容

33．下面关于内存储器的叙述中，正确的是_____。

　　A．内存储器与外存储器统一编址，字是存储器的基本编址单位

　　B．内存储器与外存储器相比容量大、断电信息易失

　　C．内存储器与外存储器相比存取速度快、价格贵

　　D．RAM 和 ROM 在断电后信息将全部丢失

34．相对于键盘、鼠标器等输入设备，笔输入设备的独特优点有_____。

　　A．为汉字输入提供了方便

　　B．接在主机的 USB 接口，可以热插拔

　　C．精度高，速度快

　　D．不需要配备驱动程序

35．扫描仪的分辨率反映了扫描仪扫描图像的清晰程度，分辨率用_____来表示。

　　A．每英寸生成的像素数目

　　B．被扫描图件容许的最大尺寸

　　C．色彩位数

　　D．生成图像文件的大小

36．鼠标器的中间有一个滚轮，它的作用是_____。

　　A．控制鼠标器在桌面的移动

　　B．控制屏幕内容进行移动，与窗口右边框滚动条的功能一样

　　C．分隔鼠标的左键和右键

　　D．调整鼠标的灵敏度

37．某显示器的分辨率是 640×480，它的含义是_____。

　　A．纵向点数×横向点数　　　　　B．横向点数×纵向点数

　　C．纵向字符数×横向字符数　　　D．横向字符数×纵向字符数

38. 下列关于打印机的叙述,正确的是_____。
    A. 虽然打印机的种类有很多,但所有打印机的工作原理都是一样的
    B. 所有打印机的打印成本都差不多,但打印质量差异较大
    C. 所有打印机使用的打印纸的幅面都一样,是 A4 型号
    D. 使用打印机要安装打印驱动程序,一般驱动程序由操作系统自带,或购买打印机时由生产厂家提供

39. 在 PC 机中与 AGP 或 PCI-Ex16 接口密切相关的设备是_____。
    A. 鼠标   B. 显示器   C. 键盘   D. 针式打印机

40. 在 PC 机中,系统约定的第一硬盘的盘符是_____。
    A. A: B. B: C. C: D. D:

41. 对于每个磁道上扇区数相同的磁盘,由于磁盘上的内部同心圆小于外部同心圆,则对其所存储的数据量而言,_____。
    A. 内部同心圆大于外部同心圆   B. 内部同心圆小于外部同心圆
    C. 内部同心圆等于外部同心圆   D. 都不对

42. 光盘保存时应注意避免_____。
    A. 噪声   B. 流感病毒
    C. 强光照射   D. 以上都要避免

43. 优盘利用通用的_____接口接插到 PC 机上。
    A. RS-232   B. 并行   C. USB   D. SCSI

44. 下列_____外存储器不便于携带。
    A. 温彻斯特硬盘   B. 软盘
    C. 优盘   D. 移动硬盘

45. 液晶显示器(LCD)作为计算机的一种图文输出设备,已逐渐普及,下列关于液晶显示器的叙述,错误的是_____。
    A. 液晶显示器是利用液晶的物理特性来显示图像的
    B. 液晶显示器与 CRT 显示器相比,重量增加,厚度增加
    C. 液晶显示器功耗小,辐射小
    D. 液晶显示器便于使用大规模集成电路驱动

46. 集光、机、电技术于一体的存储器是_____。
    A. 硬盘   B. 光盘   C. 优盘   D. 移动硬盘

47. CD-ROM 盘存储数据的原理是,利用在盘上压制凹坑的机械方法,凹坑的边缘用来表示_____,而凹坑和非凹坑的平坦部分表示_____,

然后再使用_____来读出信息。

A. "1"、"0"、激光　　　　　　　　B. "0"、"1"、磁头

C. "1"、"0"、磁头　　　　　　　　D. "0"、"1"、激光

48. 下列关于光盘的叙述,错误的是_____。

① 有些光盘只能读不能写

② 光盘刻录机不可以使用 USB 接口连接

③ 使用光盘时必须配有光盘驱动器

④ 光盘依靠盘表面的磁性物质来记录数据

A. ②④　　　　　B. ①②　　　　　C. ②③④　　　　　D. ①④

49. 下列关于 PC 机主板的叙述,错误的是_____。

A. CPU 和内存条均通过相应的插座或插槽安装在主板上

B. 主板提供 I/O 总线的插槽

C. 为便于安装,主板的物理尺寸已标准化

D. 磁盘驱动器集成在主板上

50. 下列叙述中,正确的是_____。

A. 磁盘盘片的表面分成若干个同心圆,每个圆称为一个磁道,每个磁道又分为若干个扇区,每个扇区的容量一般是 512 B 或 4 KB

B. 硬盘上的数据物理地址由二个参数定位:磁道号和扇区号

C. 硬盘的盘片、磁头及驱动机构全部密封在一起,构成一个密封的组合件,因此,硬盘有较强的抗震动能力

D. 移动硬盘容量大,速度快,体积小,但移动硬盘需要专用接口与 PC 机连接,因此,移动硬盘与 PC 机的兼容性差

51. 一个纯文本文件的内容为"ABC",它存储在硬盘中,该文件占用的空间不可能是_____。

A. 8 KB　　　　B. 4 KB　　　　C. 1 簇　　　　D. 3 B

52. 主存和辅存的根本差异在于_____的不同。

A. 容量　　　　　B. 速度　　　　　C. 价格/位　　　　D. 存储器件

53. 下列关于存储器的叙述,正确的是_____。

A. ROM 是只读存储器,其中的内容只能读一次

B. 硬盘通常安装在主机箱内,所以硬盘属于内存

C. CPU 不能直接从硬盘读取数据

D. 任何存储器都有记忆能力,且断电后信息不会丢失

54. CD-ROM 光盘是_____型光盘,可用作计算机的_____存储器和数字化媒体设备。

 A. 只读、外　　　B. 只读、内　　　C. 重写、内　　　D. 一次、外

55. 芯片组集成了主板上的几乎所有控制功能,下列关于芯片组的叙述正确的是_____。

 A. 芯片组已标准化,同一芯片组可用于各种类型的 CPU

 B. 在 PC 机中,CPU 必须通过芯片组从内存读取数据

 C. 芯片组由超大规模集成电路组成

 D. 主板上所能安装的内存类型与芯片组无关

56. I/O 操作的任务是将信息通过输入设备送入主机,或者将主机中的内容送到输出设备。下面有关 I/O 操作的叙述,错误的是_____。

 A. PC 机中 CPU 通过执行输入指令和输出指令向 I/O 控制器发出启动 I/O 操作的命令,并由 CPU 负责对 I/O 设备进行全程控制

 B. 多个 I/O 设备可以同时进行工作

 C. 为了提高系统的效率,I/O 操作与 CPU 的数据处理操作通常是并行进行的

 D. I/O 设备的种类多,性能相差很大,与计算机主机的连接方法也各不相同

57. PC 机中的 Cache 是由 SRAM 组成的一种高速缓冲存储器,其作用是_____。

 A. 发挥 CPU 的高速性能

 B. 扩大主存储器的容量

 C. 提高数据存取的安全性

 D. 提高与外部设备交换数据的速度

58. 下列关于 PC 机的叙述,错误的是_____。

 A. PC 机中的微处理器就是 CPU

 B. PC 机的性能在很大程度上取决于 CPU 的性能

 C. 一台 PC 机中包含多个微处理器

 D. PC 机属于第四代计算机

59. PC 机的地址总线宽度(位数)对_____影响最大。

 A. 存储器的访问速度

 B. CPU 可直接访问的存储器空间大小

C.　存储器的字长

D.　存储器的稳定性

60. I/O 操作是计算机中最常见的操作之一,下列有关 I/O 操作的叙述中,错误的是_____。

A.　I/O 操作的任务是将信息从输入设备送入主机,或者将主机中的内容送到输出设备

B.　PCIE 总线的数据传输速率高于 PCI 总线

C.　I/O 操作与 CPU 的数据处理操作通常是并行进行的

D.　不论哪一种 I/O 设备,它们的 I/O 控制器都相同

61. 目前,许多外部设备(如数码相机、打印机、扫描仪等)都采用了 USB 接口,下面关于 USB 的叙述中,错误的是_____。

A.　USB 接口有多种规格,3.0 版的数据传输速度要比 2.0 版快得多

B.　利用"USB 集线器",一个 USB 接口能连接多个设备

C.　USB 属于一种串行接口

D.　主机不能通过 USB 连接器引脚向外设供电

62. 从存储器的存取速度上看,由快到慢的存储器依次是_____。

A.　Cache、内存、硬盘和光盘　　　B.　内存、Cache、硬盘和光盘

C.　Cache、内存、光盘和硬盘　　　D.　内存、Cache、光盘和硬盘

63. 当一台 PC 机要扩充内存时,装上内存条后却不能正常工作,产生这种现象的原因可能是_____。

A.　CPU 可支持的存储空间已不能再扩大

B.　所扩内存条与主板不匹配

C.　操作系统不支持所扩的内存条

D.　不是同一公司生产的内存条

64. 下列关于 USB 接口的叙述中,错误的是_____。

A.　USB 是一种高速的串行接口

B.　USB 符合即插即用规范,连接的设备可以带电插拔

C.　一个 USB 接口通过扩展可以连接多个设备

D.　鼠标器这样的慢速设备,不能使用 USB 接口

65. CPU 是构成 PC 机的最重要部件,下列关于 CPU 的叙述,错误的是_____。

A.　酷睿 i7 芯片中除 ALU、寄存器组和控制器之外,还包括 Cache 存储器

B.　酷睿 i7 芯片中有多个运算部件

C. 一台计算机能够执行的指令集与该机所安装的 CPU 芯片有关

D. CPU 的主频提高 1 倍,则其上的程序运行时间缩短 1 半

66. 关于 PC 机主板上的 CMOS 芯片,下面说法中正确的是_____。

A. 加电后用于对计算机进行自检

B. 它是只读存储器

C. 存储基本输入/输出系统程序

D. 需使用电池供电,否则主机断电后其中数据会丢失

67. 为了读取硬盘存储器上的信息,必须对硬盘盘片上的信息进行定位,在定位一个物理记录块时,以下参数中不需要的是_____。

A. 柱面(磁道)号   B. 盘片(磁头)号

C. 簇号   D. 扇区号

68. PC 机屏幕的显示分辨率与_____无关。

A. 显示器的最高分辨率   B. 显示卡的存储容量

C. 操作系统对分辨率的设置   D. 显示卡的接口

69. 关于光盘存储器,以下说法错误的是_____。

A. CD-R 是一种只能读不能写的光盘存储器

B. CD-RW 是一种既能读又能写的光盘存储器

C. 使用光盘时必须配有光盘驱动器

D. DVD 光驱也能读取 CD 光盘上的数据

70. 显示器分辨率是衡量显示器性能的一个重要指标,它指的是整屏可显示_____多少。

A. 扫描线   B. ASCII 字符   C. 中文字符   D. 像素

71. 需要对一个 U 盘中的文件 A. doc 进行操作。为了延长 U 盘的使用寿命,下列习惯中不好的是_____。

A. 仅打印 A. doc 时,可以直接打开 U 盘上的此文件

B. 仅阅读 A. doc 时,可以直接打开 U 盘上的此文件

C. 频繁编辑 A. doc 时,将 A. doc 拷入硬盘后再编辑处理,最后拷回 U 盘。

D. 频繁编辑 A. doc 时,直接在 U 盘上打开 A. doc,编辑过程中直接保存在 U 盘上。

72. 手机摇一摇的功能是借助_____实现。

A. 传感器   B. 摄像头   C. SD 卡   D. 通信卡

73. 手机计步功能是借助_____实现。

    A. 触摸屏　　　　B. 摄像头　　　　C. 传感器　　　　D. 通信卡

74. 某用户新买一台计算机,相比于原先的旧计算机,开机速度很快。可能的原因不会是_____。

    A. 硬盘是 SSD 盘　　　　　　　　B. 使用 UEFL 启动计算机

    C. 加大了硬盘容量　　　　　　　　D. 开机时启动的应用系统少

75. 计算机上能正确安装的某个应用软件包,如 QQ,但该软件包在手机上却不能安装的根本原因是_____。

    A. 手机太旧,该应用软件包版本新

    B. 手机内存不够大

    C. 计算机与手机的操作方式不一样

    D. 计算机与手机的指令系统不兼容

76. 某计算机内存空间很小,想扩充内存容量,下列可行的做法是_____。

    A. USB 口插入一张大容量 U 盘

    B. 在计算机插槽中增加一张 SD 卡

    C. 在主板的空闲的内存条插槽中增加内存条

    D. 在主板上多焊接一个内存条插槽,并插入内存条

77. 微处理器是很多设备的关键部件。下列部件中没有微处理器的是_____。

    A. 键盘　　　　B. 显卡　　　　C. SD 卡　　　　D. 手机

78. 智能手机其实就是一台计算机,与普通台式机相比,下列关于手机特点的叙述,错误的是_____。

    A. 手机的可扩展部件少

    B. 手机通常采用精简指令集

    C. 手机功耗低,存储容量小

    D. 手机中的 CPU 都是单核的

79. 在 PC 机中,一块显卡有两个接口,一个是与 I/O 总线连接的接口,一个是与显示器连接的接口。下列关于显卡接口的叙述,错误的是_____。

    A. 显卡的总线接口类型一般是 PCI_E×16

    B. 显卡通常会提供 HDMI 接口用于连接显示器

    C. 显卡通常会提供 DVI 接口用于连接显示器

    D. 显卡通常会提供 USB 接口用于连接显示器

二、是非题

1. 硬盘驱动器是一个机电装置,硬盘上的数据读写速度与机械运动有关。
（　　）

2. 计算机的性能在很大程度上由 CPU 决定,CPU 的运算速度又与 CPU 的工作频率密切相关。因此,在其他配置相同时,使用主频为 500MHz CPU 的 PC 机,比使用主频为 1GHz CPU 的 PC 机速度快。（　　）

3. 一个 Core i7 是一块大规模集成电路芯片,上面集成有处理器的各个组成部分。
（　　）

4. 在不考虑价格因素的情况下,计算机配备的主存储器空间大小不受任何条件约束。
（　　）

5. 在 Windows 10 的计算机上,用户必须安装优盘驱动程序,才可以对优盘进行数据读写。
（　　）

6. 指令是控制计算机工作的命令语言,计算机硬件功能通过指令系统反映出来。
（　　）

7. 在 Core 系列芯片中,以流水线方式处理指令,因此,有多条指令在流水线上并行处理,因而提高了处理器执行指令的速度。
（　　）

8. 在同一台计算机中,Cache、主存、硬盘、优盘的速度依次由快至慢。
（　　）

9. 主存储器的存取速度比 Cache 存储器要慢得多。因此,为了提高程序的运行速度,软件开发人员应多了解 Cache 存储器。
（　　）

10. 计算机外部设备的驱动程序都是 BIOS 的一个组成部分。（　　）

11. PC 机的主板又称为母板,上面安装有 CPU、内存条、总线、I/O 控制器等部件,它们是 PC 机的核心。
（　　）

12. CPU 与内存的工作速度几乎差不多,增加 cache 只是为了扩大内存的容量。
（　　）

13. 不同计算机的 CMOS 信息设置是兼容的。若一台计算机的 CMOS 内容损坏,则可以从其他计算机中复制一份,计算机照样能正常工作。（　　）

14. 打印机等计算机外围设备的驱动程序是基本输入/输出系统(BIOS)的一部分,保存在只读存储器中。因此,新款打印机由于驱动程序没有写入 BIOS 中,就不能被旧的计算机使用。
（　　）

15. PC 机的主板上有电池,它的作用是在计算机断电后,给 CMOS 芯片供电,保持芯片中的信息不丢失。
（　　）

16. 在计算机中,由于 CPU 与主存储器的速度差异较大,常用的解决办法是使用高速的静态存储器 SRAM 作为主存储器。　　　　　　（　　）

17. 显示器是产生硬拷贝输出的一种输出设备。　　　　　　　　　　（　　）

18. 光盘是一种可读不可写的存储器。　　　　　　　　　　　　　　（　　）

19. CPU 可以直接从硬盘读取指令和数据。　　　　　　　　　　　　（　　）

20. 正在开发一个成绩管理系统,原来使用的是有线键盘,现在改为无线键盘,需要修改原成绩管理系统的程序代码。　　　　　　　　　　（　　）

三、填空题

1. 大规模(LSI)集成电路的出现,使得处理器的所有组成部分都可以制作在一块不足 $4cm^2$ 的_____芯片上,因为体积小,这样的处理器称为"微处理器"。

2. 计算机中具有记忆功能的部件是_____。

3. _____设备的功能是将计算机中的"1"和"0"表示的信息转换成人可直接识别的形式。

4. 在开发新处理器的时候,采用逐步扩充指令系统的做法,目的是与老处理器保持_____。

5. 存储在存储器中的_____控制着整个计算机的全部工作过程,完成数据处理的任务,这就是"存储_____控制"的思想。

6. 指令是一种使用_____表示的命令语言,它规定了计算机执行什么操作以及操作对象所在的位置。

7. I/O 设备的工作速度比 CPU 慢得多,为了提高系统的效率,I/O 操作与 CPU 的数据处理操作往往是_____进行的。

8. 在 PC 机中,通过 USB 接口由主机对外部设备可以提供_____V 电源。

9. 鼠标器最主要的技术指标是_____,用_____表示,它指鼠标每移动_____距离光标在屏幕上所通过的_____的数目。

10. 从 PC 机的物理结构来看,芯片组是 PC 机主板上各组成部分的枢纽,它连接着_____、内存条、硬盘接口、网络接口、PCI 插槽等,主板上的所有控制功能几乎都由它完成。

11. 鼠标器、扫描仪、数码相机是计算机的输入设备,它们各自有着不同的作用,但它们都有一个重要的性能指标是_____。

12. 当用户按下键盘上的按键时,发出的信号经过键盘内部的电子线路转换成相应的_____代码,送入计算机。

13. CRT 显示器上构成图像的最小单元称为_____。

14. 显示器所显示的信息每秒钟更新的次数称为_____,这反映了显示器显示信息的稳定性。

15. 在 PC 机中,显示卡中的接口电路负责显示控制器与 CPU 和内存的数据传输,由于经常需要将_____中的图像数据成块地传送到_____,目前,通过_____总线将两者连接起来。

16. CPU 是计算机硬件的重要组成部分,其结构主要由寄存器组、_____和控制器三部分组成。

17. 指令是一种使用二进位表示的命令语言(又称机器语言),它规定了计算机执行什么操作以及操作的对象,一般情况下,指令由_____和地址码(或操作数地址)组成。

18. 计算机中地址线数目决定了 CPU 可直接访问存储空间的大小,若计算机地址线数目为 36,则理论上能访问的存储空间大小为_____GB。

19. 扫描仪是基于光电转换原理设计的,目前用来完成光电转换的主要器件是电耦合器件,它的英文缩写是_____。

20. 彩色显示器的彩色是由三个基色 R、G、B 合成得到的,如果 R、G、B 分别用 3 个二进位表示,则显示器可以显示_____种不同的颜色。

21. 目前,广泛使用的移动存储器有很多类型,优盘和移动硬盘大多使用_____接口,读写速度比软盘要快得多。

第3章 计算机软件

3.1 操作系统

【本节要点】

1. 操作系统用于控制、管理、调配计算机中所有的软、硬件资源,并组织控制整个计算机的工作流程,是计算机系统配置中一种必不可少的系统软件。

2. 操作系统的作用:管理系统资源;提供友好的人机界面;提供高效率的平台。

3. 操作系统的启动

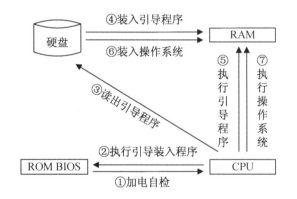

图3-1 操作系统的启动

传统采用BIOS启动方式,操作系统的启动过程如图3-1所示。UEFI(UEFI,Unified Extensible Firmware Interface,统一可扩展固件接口)是一种新的启动方式,解决了传统BIOS需要长时间自检的问题,让硬件初始化以及引导系统变得简捷快速。

4. 多任务处理

(1)任务:装入内存并启动执行的一个应用程序。Windows执行的任务中,活动窗口对应的任务称为前台任务,非活动窗口对应的任务称为后台任务。

（2）多任务处理：为提高 CPU 利用率，操作系统支持若干个程序同时运行。

（3）PC 机单 CPU 单核并发多任务方式：前台任务和后台任务都能分配到 CPU 的使用权，从宏观上看，多个任务同时执行。从微观上看，任何时刻只有一个任务在执行，由处理器调度程序负责把 CPU 分配给具有运行条件的任务。

5. 存储管理

（1）主要内容：内存的分配和回收、内存的共享和保护、内存扩充等。

（2）虚拟存储技术：由于运行的任务多、程序规模大、数据多，导致内存不够使用，因此，操作系统一般都采用虚拟存储技术进行存储管理。虚拟存储器由物理内存和硬盘空间构成，它通过操作系统存储管理和相关硬件共同实现。

6. 文件管理（Windows 操作系统）

（1）文件是一组相关信息的集合。计算机中的程序、数据、文档通常都组织成为文件存放在外存储器中。

（2）文件包含程序（或数据）和说明信息。文件的具体内容和说明信息分开存放。通常前者保存在磁盘的数据区，后者则保存在该文件的目录中。

（3）文件管理的主要功能：如何在外存储器中为创建（或保存）文件而分配空间，为删除文件而回收空间，并对空闲空间进行管理。

（4）文件管理的基本操作：创建新文件、保存文件、读出文件和删除文件等。

（5）在 FAT 文件系统中硬盘格式化后分成四部分：引导区、文件分配表（FAT）、文件目录表（FDT）和数据区。

（6）文件系统类型有 FAT（磁盘）、NTFS（磁盘，带安全加密功能）、CDFS（CD-ROM）、UDF（DVD 和 CD-RW）和 FTL（闪存）等。

（7）文件属性：系统文件、隐藏文件、存档文件和只读文件。

（8）文件夹：为分门别类地有效存放和管理文件，同时也为文件的共享和保护提供方便（Windows 中的目录采用多级层次式结构）。

（9）文件名可以由字母、数字和一些特殊的字符组成，但不能包含以下字符：\ / ： * ？ " ＜ ＞ |。

7. 设备管理用于管理计算机系统中的所有外部设备，主要任务有：完成用户进程提出的 I/O 请求；为用户进程分配其所需的 I/O 设备；提高 CPU 和 I/O 设备的利用率；提高 I/O 速度；方便用户使用 I/O 设备等。

8. 常用操作系统

（1）Windows 操作系统

● 美国微软公司（Microsoft）开发。

● 个人计算机上广泛使用。

● 提供多任务处理。

● 图形用户界面。

● 硬件平台多样性：家庭版、专业版、媒体中心版、平板 PC 版、64 位版、服务器版；台式机、笔记本、上网本平板 PC、PDA 服务器均可安装运行 Windows 操作系统。

（2）UNIX 操作系统

优点：支持多用户多任务、支持多种处理器结构；可分为操作系统内核和系统外壳，大部分由 C 语言编写。

（3）Linux 操作系统：创始人是芬兰青年学者 Linus Torvalds。

优点：Linux 是基于 UNIX 操作系统的一个克隆系统。多用户多任务，支持多种工作平台和多处理器；属于 GPL 自由软件；GPL（General Public License）是 GNU 通用公共许可证。

（4）iOS 操作系统是由苹果公司开发的手持设备操作系统。系统结构分为核心操作系统、核心服务层、媒体层、触摸框架层 4 个层次。

（5）Android 操作系统是一种基于 Linux 的自由及开放源代码的操作系统，主要用于移动设备，如智能手机和平板电脑，由 Google 公司和开放手机联盟开发。该操作系统分为四层：驱动程序和 Linux 内核；系统库和 Android 的运行环境；应用软件框架；应用程序。

（6）目前常用操作系统分类

多任务操作系统：通过处理器管理、存储管理和设备管理程序支持用户同时运行多个应用程序。

网络操作系统（NOS）：具有多用户多任务处理能力；具有多种网络通信功能，提供丰富的网络应用服务。

实时操作系统：时间约束严格，响应迅速，安全可靠的操作系统。

嵌入式操作系统：嵌入式计算机使用的操作系统，其具有快速、高效、实时处理和代码紧凑的特性。

【例题分析】

1. 在计算机软件中，GUI 的中文意思是_____。

分析：用户界面（UI）是实现用户与计算机通信的软、硬件的总称。图形用户界面（GUI）则采用形象直观的图标、菜单等来实现用户界面。

答案：图形用户界面

2. 微机死机时，可尝试同时按_____、_____和<Del>键，关闭导致死机的应用程序以便恢复系统。

分析：在 Windows 环境中，同时按<Ctrl>、<Alt>和<Del>键，打开 Windows 任务管理器，用户可以选择状态为"未响应"的应用程序，结束它的运行，恢复整个系统正常运行。

答案：<Ctrl>、<Alt>

3. 计算机安装操作系统后，操作系统就驻留在内存储器中，加电启动计算机工作时，CPU 首先执行 BIOS 程序，之后执行内存中的操作系统。

分析：操作系统被安装到计算机中后存放在硬盘上，而不是内存中；加电启动计算机后，由引导程序将操作系统常用部分驻留在内存中，其余仍在硬盘上，需要时才调入内存。

答案：错误

4. 当一个 Word 程序运行时，它与 Windows 操作系统之间的关系是_____。

    A. 前者调用后者的功能

    B. 后者调用前者的功能

    C. 两者互相调用

    D. 不能互相调用，各自独立运行

分析：操作系统向应用程序提供了有力的支持，应用程序可调用其功能。

答案：A

5. 下面关于操作系统中虚拟存储器的说法，正确的是_____。

    A. 虚拟存储器的容量一般比实际物理内存容量小得多

    B. 在 Windows 中，虚拟内存不是以文件形式存在，而是隐藏在空闲存储单元中

    C. 在哪个硬盘逻辑盘上设置虚拟内存以及虚拟内存的容量都可以由用户来设定

    D. 为了安全，所有用户都不可利用某些系统工具查看虚拟内存的使用情况

分析：在 Windows 中，虚拟存储器是由物理内存和虚拟内存组成的，通常，它的容量比物理内存大；在 Windows98 中，虚拟内存以交换文件"Win386. swp"存在，在 Windows XP 中则以交换文件"pagefile. sys"存在。

答案：C

6. CPU 可以直接执行存储在硬盘中虚拟内存中的程序。

分析：操作系统可以在物理内存和虚拟内存之间来回地自由交换程序和数据页面,存储在硬盘中虚拟内存中的程序必须通过"换页"到物理内存中才能被 CPU 直接执行。

答案：错误

7. 下面关于操作系统中文件属性的说法,错误的是_____。

   A. 用户可以修改文件或文件夹的隐藏和只读属性

   B. Windows 操作系统不允许一个文件或文件夹兼有多种属性

   C. 系统文件是操作系统本身包含的文件,删除时会给出警告

   D. "文件备份程序"根据存档属性来决定是否要备份文件

分析：一个文件或文件夹既可以是隐藏的,又可以是只读的,可同时具有多种属性;用户不能修改文件或文件夹的系统属性,但可以修改其他属性。

答案：B

8. 下面关于操作系统中文件目录的说法,正确的是_____。

   A. Windows 操作系统采用多级层次式结构(树状结构)

   B. 文件夹说明信息中记录了此文件夹中所有文件和文件夹的说明信息

   C. 多级文件夹结构允许同一文件夹中出现同名文件

   D. 文件夹将文件分隔开来,不允许共享

分析：在树状结构中,每个逻辑磁盘是一个根目录,包含文件和文件夹,而文件夹还可以包含文件和下一级文件夹,依此类推形成了多级文件夹结构;文件夹说明信息中包含了该文件夹的名字、存放位置、大小、创建时间、属性(只读、隐藏等)等,不包含该文件夹中文件或文件夹的说明信息;多级文件夹的好处是分门别类、方便查找;同一文件夹中文件名不可以相同;使用文件夹方便了文件的共享和保护。

答案：A

9. 存储在机械式硬盘中的文件,一旦被删除,就不可能恢复。

分析：对于机械式硬盘,系统在执行删除操作的时候,只是将文件记录从文件系统中删除,然后将文件所占用的硬盘空间标记为空闲。表面上看,该文件不见了,并且硬盘的可用空间多了。其实,文件的内容仍保存在原来的簇中。若这些簇的信息没有被新信息覆盖,则借助数据恢复软件就可以将文件恢复。

删除文件的恢复并不适用于所有情况,有些删除的文件是无法恢复的。例如,文件删除后执行过写入操作,新信息覆盖了原删除文件的簇中,则删除的文件难以恢复了。

对于固态硬盘(SSD),文件被删除时,系统会对存储数据的物理区域进行清零,导致删除文件无法恢复。

答案:错误

10. 在 Windows2000 以上版本的 Windows 系统中使用优盘不需专门安装相应的驱动程序,其他外围设备都无需安装驱动程序就可以正常工作。

分析:任何外围设备都需要有驱动程序。BIOS 中包含了基本外设的驱动程序;Windows2000 中包含了常用外设的驱动程序,使用时系统能自动识别和加载相应驱动程序,无需用户安装;有些外围设备(如打印机、扫描仪等)必须先安装驱动程序才能正常工作。

答案:错误

3.2 程序设计语言

【本节要点】

1. 计算机语言的发展经历了从机器语言、汇编语言到高级语言的历程。

机器语言:用机器语言编写的程序,全都是二进位形式,可被计算机直接执行。

汇编语言:采用助记符表示,与机器语言相比,比较直观易记,但不如高级语言易学。

高级语言:接近英语,易学、易用、易维护。

2. 高级语言基本成分:数据成分、运算成分、控制成分和传输成分。

3. 主要程序设计语言

(1) FORTRAN 语言是一种用于数值计算的面向过程的程序设计语言。

特点:接近数学公式,简单易用;它是科学计算的主流程序设计语言。

(2) Basic 和 VB 语言:简单易学;VB 是微软公司基于 BASIC 开发的一种高级程序设计语言。

(3) Java 语言是一种面向对象的、用于网络环境的程序设计语言。

特点:适用于网络分布环境,具有一定的平台独立性、安全性和稳定性。

(4) C 和 C++语言:C 语言与支撑环境分离,可移植性好,运行效率高;UNIX 就是用 C 语言编写的;C++语言是以 C 语言为基础发展起来的通用程序设计语言,内置面向对象的机制,支持数据抽象;C♯是由 C 和 C++衍生出来的面向对象编程语言。

（5）Python 是一种解释性语言,语法简单,可移植性好,免费开源。

（6）其他语言

Pascal 语言:面向过程,系统体现结构程序设计思想的第一种语言。

LISP:适用于符号操作和表处理,应用于人工智能领域。

PROLOG:逻辑式编程语言,应用于人工智能领域。

Ada:类似 PASCAL 语言,易于控制并行任务和处理异常情况。

MATLAB:提供数据可视化等功能的数值计算语言。

4. 程序设计语言处理系统

（1）程序设计语言处理系统的作用:将用汇编语言或高级语言编写的源程序翻译成计算机能够直接执行的机器语言程序。

（2）翻译程序有三种:汇编程序、解释程序和编译程序。

（3）解释程序和编译程序的区别:前者翻译一句执行一句,实现算法简单,但运行效率低;后者会一次全部翻译好,产生目标程序,可供多次执行,运行效率高。

（4）语言处理程序的组成:编辑程序、翻译程序、连接程序和装入程序等。

【例题分析】

下列关于程序设计语言的说法中,正确的是_____。

A. 高级语言程序的执行速度比机器语言程序快

B. 高级语言就是人们日常使用的自然语言

C. 高级语言与 CPU 的逻辑结构无关

D. 无需经过翻译或转换,计算机就可以直接执行用高级语言编写的程序

分析:高级语言程序必须经过编译或解释才能执行,CPU 直接执行的是生成后的机器语言程序。高级语言程序也不同于自然语言,有特定的语法要求,它与具体的 CPU 的逻辑结构无关。高级语言程序生成的机器语言程序通常代码冗长,没有直接采用机器语言编写实现同样功能的程序精干。

答案:C

3.3　算法和数据结构

【本节要点】

1. 计算机科学家沃思(Nikiklaus Wirth):程序＝数据结构＋算法

2. 算法

(1) 软件的主体是程序,程序的核心是算法。

(2) 算法是解决问题的方法与步骤。

(3) 算法必须满足的基本要求:有穷性、确定性、可行性、输入(可以没有)与输出(至少一个)。

(4) 使用计算机求解问题的步骤

① 理解和确定问题;

② 寻找解决问题的方法与规则,并将其表示成算法;

③ 使用程序设计语言描述算法(编程);

④ 运行程序,获得问题的解答;

⑤ 对算法进行评估。

(5) 算法与程序的区别

● 一个程序不一定满足有穷性,算法必须有穷。

● 程序中的语句必须是机器可执行的,算法中的操作则无此限制。

(6) 算法分析的两个重要因素:时间复杂度与空间复杂度。

3. 数据结构是指数据对象在计算机中的组织方式。

4. 数据结构研究内容:数据的逻辑结构、数据的存储结构和数据的操作算法。

【例题分析】

1. 下列有关算法和程序的叙述,正确的是_____。

    A. 算法和程序都必须满足有穷性

    B. 程序必须是由 CPU 可直接执行的机器语言来描述

    C. 可以采用"伪代码"来描述算法

    D. 算法是程序中的指令

分析:算法要满足有穷性,而程序没有此特性;可以用高级语言来编写程序,再经语言处理系统转换为 CPU 可直接执行的机器语言;算法是问题求解步骤,而不必是具体的程序指令。

答案:C

2. 下列关于程序设计语言的说法中,正确的是_____。

    A. 在完成相同功能的前提下,高级语言编写的程序的执行速度比机器语言的快

    B. 高级语言等同于自然语言

C. 用机器语言编写的程序是一串"0"或"1"所组成的二进制代码

D. 计算机可以直接识别和执行用 C 语言编写的源程序

分析： 高级语言源程序要经过语言处理系统翻译或编译成机器语言表示的目标程序才能执行；高级语言接近自然语言，但还是有很多不同点；机器语言程序是 01 代码（二进制代码），计算机只能认识机器语言。

答案： C

3. 关于高级程序语言中的数据成分的说法中，正确的是_____。

A. 数据的作用域说明数据需占用存储单元的多少和存放形式

B. 数组是一组类型相同有序数据的集合

C. 指针变量中存放的是某个数据对象的数值

D. 用户不可以自己定义新的数据类型

分析： 数据名称由用户通过标识符命名，类型说明需占用多少存储单元以及存放形式，作用域则说明数据使用的范围；指针变量中存放某个数据对象的地址；用户可以自定义数据类型。

答案： B

4. 使用 C 语言编程求解问题要经过：编辑、编译、连接、装入、执行等步骤。其正确的顺序是_____。

A. 编辑→编译→连接→装入→执行

B. 编译→编辑→装入→执行→连接

C. 装入→编辑→编译→执行→连接

D. 装入→编译→编辑→执行→连接

分析： 具体过程为将程序模块经过正文编辑成源程序，然后分别编译成目标程序，将这些目标程序和库文件连接编辑成可执行目标程序，装入内存并启动执行，得到结果。

答案： A

5. 下面关于程序设计语言的叙述，错误的是_____。

A. FORTRAN 语言是一种用于数值计算的程序设计语言

B. JAVA 是面向对象的程序设计语言

C. C 语言与运行支撑环境分离，可移植性好

D. C++是面向过程的语言，VC 是面向对象的语言

分析： C++是面向对象的语言，VC 是面向对象的开发环境。

答案： D

【习题练习】

一、选择题

1. 一个完整的计算机系统的两个基本组成部分是_____。

A. 软件和硬件　　　　　　　　　B. 操作系统和数据库系统

C. 支撑软件和应用软件　　　　　D. Windows 和 Word

2. 从个体含义上说,软件是指计算机系统中的_____。

A. 程序、规程和规则　　　　　　B. 程序、数据和文档

C. 规程和文档　　　　　　　　　D. 程序和对象

3. 在任何计算机系统的设计中,_____是首先必须考虑并予以提供的。

A. 系统软件　　　　　　　　　　B. 文字处理软件

C. 人事档案管理软件　　　　　　D. 应用软件

4. 系统软件是给其他软件提供服务的程序集合,下面的叙述中错误的是_____。

A. 计算机硬件与系统软件之间存在信息交换

B. 在计算机系统中系统软件几乎是必备的

C. 操作系统是一种重要的系统软件

D. QQ 软件也是一种系统软件

5. 用于解决各种具体应用问题的专门软件属于_____。

A. 应用软件　　　B. 系统软件　　　C. 工具软件　　　D. 目标程序

6. 下列_____都是系统软件。

① 360 杀毒　　② SQL Server　　③ 美图秀秀　　④ CorelDraw

⑤ 编译程序　　⑥ Linux　　⑦ 银行联机软件系统　　⑧ Oracle

⑨ Sybase　　⑩ 民航售票系统

A. ①③④⑦⑩　　B. ②⑤⑥⑧⑨　　C. ①⑧⑨　　D. ①③⑥⑨⑩

7. 第 6 题中_____都是应用软件。

A. ②⑤⑥　　B. ①③⑥⑨⑩　　C. ⑧⑨　　D. ①③④⑦⑩

8. _____属于文字处理软件。

A. Word 和 Excel　　　　　　　　B. PageMaker 和 Word

C. Photoshop 和 WPS　　　　　　D. Paintbrush 和 Flash

9. _____属于电子表格软件。

A. AutoCAD 和 C# 　　　　　　　B. Excel 和 Lotus1-2-3

C. Lotus 和 Outlook Express　　　D. FoxMail 和迅雷

10. _____属于图形图像软件。
 A. Word 和 Flash　　　　　　　　B. Photoshop 和 CorelDraw
 C. Paintbrush 和 Dreamweaver　　D. AutoCAD 和 FoxMail

11. _____属于媒体播放软件。
 A. VB. net 和 RealPlay　　　　　B. 暴风影音和 Media Player
 C. Winamp 和 Flash　　　　　　　D. IE 和 QQ

12. _____属于网络通信软件。
 A. AutoCAD 和 FoxMail　　　　　B. Excel 和 Flash
 C. Outlook Express 和 C++　　　D. FoxMail 和 Outlook Express

13. _____属于演示软件。
 A. Powerpoint 和 Show Partner　 B. SPSS 和 Powerpoint
 C. Word 和 Flash　　　　　　　　D. Paintbrush 和 BMDP

14. 如果你想撰写论文,你应该用_____软件。
 A. SPSS　　　B. WPS　　　C. Excel　　　D. E-mail

15. 如果你为演讲而制作电子版的演示文稿,你应该选用_____软件。
 A. Word　　　　　　　　　　　　B. Excel
 C. SPSS　　　　　　　　　　　　D. PowerPoint

16. 能对计算机系统中各类资源进行统一控制、管理、调度和监督的系统软件
 是_____。
 A. Windows2000 和 Linux　　　　B. Unix 和 Office XP
 C. Word 和 OS/2　　　　　　　　D. Windows XP 和 Excel

17. 直接运行在裸机上的最基本的系统软件是_____。
 A. Flash 和 Linux　　　　　　　B. Unix 和 FoxPro
 C. Word 和 OS/2　　　　　　　　D. Windows XP 和 Unix

18. _____中所列软件都属于应用软件。
 A. AUTOCAD、POWERPOINT、OUTLOOK
 B. OS/2、SPSS、WORD
 C. ACCESS、WPS、PHOTOSHOP、Linux
 D. FORTRAN、AUTOCAD、WORD

19. 为了支持多任务处理,操作系统的处理器调度程序使用_____技术把
 CPU 分配给各个任务,使多个任务宏观上可以"同时"执行。

A. 批处理   B. 并发   C. 分时   D. 授权

20. 下列关于操作系统设备管理的叙述中,错误的是_____。

   A. 设备管理程序负责对系统中的各种输入输出设备进行管理

   B. 设备管理程序负责尽量提供各种不同的 I/O 硬件接口

   C. 每个设备都有自己的驱动程序,它屏蔽了设备 I/O 操作的细节,使输入输出操作能方便、有效、安全地完成

   D. 设备管理程序负责处理用户和应用程序的输入输出请求

21. 操作系统是_____。

   A. 用户和硬件的接口   B. 源程序和目标程序的接口

   C. 用户与软件之间的接口   D. 主机和外设之间的接口

22. 能管理计算机的硬件设备并使应用软件可方便、高效率地使用这些设备的软件是_____。

   A. 数据库   B. 编辑软件   C. 操作系统   D. CPU

23. 有 C 语言编写的已编译处理的某公司员工工资管理程序 A、数据库管理系统软件 SQL SERVER 和 Unix 操作系统,当计算机运行 A 时,这些软件之间的调用关系为(用"→"表示)_____。

   A. A→SQL SERVER→Unix   B. SQL SERVER→Unix→A

   C. Unix→A→SQL SERVER   D. A→Unix→SQL SERVER

24. 下面所列功能中,_____不是操作系统本身所具有的。

   A. CPU 管理   B. 中英文翻译转换

   C. 文件管理   D. 存储管理

25. 下列关于操作系统各种功能的说法,正确的是_____。

   A. "虚拟存储器"其实是外存

   B. 文件管理可以实现文件的共享、保密和保护

   C. 用户必须了解设备及接口的技术细节,才能使设备和计算机协调工作

   D. 任务管理主要是管理内存资源的合理使用

26. 虚拟存储器是_____。

   A. 可提高计算机运算速度的设备

   B. 容量扩大了的主存

   C. 容量等于主存加上缓存的存储器

   D. 可以容纳总和超过主存容量的地址空间

27. 虚拟存储系统能够得到一个容量很大的虚拟空间,但其大小有一定的范

围,不会超过_____的限制。

A. 内存容量大小

B. 外存空间及 CPU 地址表示范围

C. 交换信息的大小

D. 软盘存储空间

28. 当操作系统内存不够用时,存储管理程序将把内存与_____结合起来管理,提供一个比实际物理内存大得多的"虚拟存储器"。

A. 高速缓冲存储器   B. 脱机缓冲存储器

C. 物理外存储器   D. 离线后备存储器

29. 下列应用系统中,实时性要求不高的是_____。

A. 航天飞机航道跟踪系统   B. 证券交易系统

C. 锅炉温控系统   D. 电子邮件转发系统

30. 在计算机辅助设计系统、航空订票系统、过程控制系统、办公自动化系统和银联系统等 6 个系统中,实时性要求高的有_____个。

A. 1   B. 2   C. 3   D. 4

31. 某单位要求在大型服务器上安装一种多用户、多任务 GPL 操作系统,最适合的操作系统是_____。

A. Linux   B. Windows Server

C. Windows XP   D. OS/2

32. 下列关于 Windows 的说法中,错误的是_____。

A. Windows 支持 GUI

B. Windows 支持"即插即用"的系统配置方法

C. Windows2000 server 不是目前 Windows 系列操作系统的最新版本

D. Windows 可以在任何一台计算机上运行

33. 在 Windows 操作系统中,下列关于文件夹的叙述,错误的是_____。

A. 网络上其他用户可以不受限制地修改共享文件夹中的文件

B. 文件夹为文件的查找提供了方便

C. 几乎所有文件夹都可以设置为共享

D. 将不同类型的文件放在不同的文件夹中,方便了文件的分类存储

34. Unix 系统可分为_____两大部分。

A. 服务器部分和客户机程序   B. 中心网和外围网

C. 内核部分和支撑软件   D. 内核部分和外层应用子系统

35. 说 Linux 是一种"自由软件"的主要理由是_____。

    A. Linux 的源代码是公开的

    B. Linux 是多用户、多任务的操作系统

    C. Linux 具有可移植性

    D. Linux 属于 GPL 软件

36. 下面关于 Unix 和 Linux 的叙述中,错误的是_____。

    A. Unix 系统的大部分代码是用 C 语言编写的

    B. 很多互联网服务器都使用它们

    C. TCP/IP 网络协议是在 Unix 系统上开发成功的

    D. 个人计算机不能以它们作为操作系统

37. 程序设计语言分成机器语言、汇编语言和_____3 大类。

    A. 超文本语言　　　　　　　　B. 自然语言

    C. 高级语言　　　　　　　　　D. 置标语言

38. 数据结构的说明语句"int x;"属于高级语言中的_____成分。

    A. 数据　　　B. 运算　　　C. 控制　　　D. 传输

39. 算术表达式" a ＋ b － c"属于高级语言中的_____成分。

    A. 数据　　　B. 运算　　　C. 控制　　　D. 传输

40. 条件选择结构语句"if (P)A;"属于高级语言中的_____成分。(P 表示条件,A 表示操作)

    A. 数据　　　B. 运算　　　C. 控制　　　D. 传输

41. I/O 语句"printf("hello!");"属于高级语言中的_____成分。

    A. 数据　　　B. 运算　　　C. 控制　　　D. 传输

42. 下列关于链接表的说法,错误的是_____。

    A. 链接表是以指针方式表示的"线性表结构"

    B. 链接表中的指针不可能为空指针

    C. 链接表中最后一个元素的指针可以为空

    D. 在链接表中的元素含有信息域

43. 高级语言编写的程序必须将它转换成_____程序,计算机才能直接执行。

    A. 汇编语言　　B. 机器语言　　C. 中级语言　　D. 编译

44. 下列关于语言处理系统的叙述,正确的是_____。

    A. 语言处理系统的作用是把软件语言编写的各种程序变换成最终的计

算结果

B. 语言处理系统中的正文编辑程序的作用是将目标程序装入内存并启动执行

C. 语言处理系统中的装入程序用于建立和修改源程序文件

D. 语言处理系统中的连接编辑程序是将编译或汇编过的目标程序和库文件组合

45. _____不是高级程序语言。

A. VB　　　　　B. C++　　　　　C. Java　　　　　D. Flash

46. 下列软件语言中不能用于数值计算的是_____。

A. FORTRAN　　B. C　　　　　C. HTML　　　　　D. MATLAB

47. Pascal 是_____的后继语言。

A. Delphi　　　B. ALGOL　　　C. Java　　　　　D. FORTRAN

48. 编写软件程序首先要考虑的两个重要方面是_____。

A. 需求分析和数据结构　　　　B. 数据结构和算法

C. 软件结构和用户要求　　　　D. 数据类型和人员管理

49. 计算机中的算法指的是_____。

A. 计算方法　　　　　　　　　B. 排序方法

C. 问题求解规则的过程描述　　D. 文字编辑

50. 算法设计应采用的方法是_____。

A. 由精到粗、由抽象到具体

B. 由粗到精、由抽象到具体

C. 由精到粗、由具体到抽象

D. 由粗到精、由具体到抽象

51. 下面程序的作用是_____。

a＝b;b＝c;c＝a

A. 利用 c,将 a 和 b 中数值交换

B. 利用 a,将 b 和 c 中数值交换

C. 利用 b,将 b 和 a 中数值交换

D. 将 a 和 b 中数值交换,然后又将 b 和 c 中的数值交换

52. 下列关于"家族树"数据结构的说法,正确的是_____。

A. "家族树"的数据元素为"家庭成员"

B. 每个"家庭成员"只有一个子女

C. 每个"家庭成员"都有唯一的"双亲"数据元素

D. 一棵"家族树"中可以有多个根

53. 下列操作不属于数据运算的是_____。

    A. 从学生表中删除一个学生元素

    B. 设计学生表结构,规划软件项目

    C. 从家族树中查找某一个家庭成员

    D. 更新学生表中某个学生元素信息

54. 空间复杂度作为算法所需存储空间的量度,下述正确的是_____。

    A. 空间复杂度反映了求解问题所需的存储空间

    B. 所有算法额外空间相对于输入数据量来说是常数

    C. 选择不同的算法,解决同一问题其空间复杂度相同

    D. 对于同一算法,所占空间量与输入一定无关

55. 分析执行一个算法所要占用的计算机资源,需要考虑的两个方面是_____。

    A. 空间代价和时间代价   B. 正确性和简明性

    C. 可读性和文档性   D. 数据复杂性和程序复杂性

56. 分析算法性能无需考虑的因素是_____。

    A. 正确性   B. 效率和存储量

    C. 可读性   D. 编程人员个人的喜好

57. 数据的_____结构反映数据元素间的逻辑关系。

    A. 逻辑   B. 顺序   C. 选择   D. 存储

58. 数据的_____结构实现了个数据元素间的逻辑结构的存储。

    A. 逻辑   B. 顺序   C. 选择   D. 存储

59. 下列数据结构中,_____不是数据逻辑结构。

    A. 线性表结构   B. 存储器物理结构

    C. 树形结构   D. 二叉树

60. 下列关于计算机软件的说法,错误的是_____。

    A. 数学是计算机软件的理论基础

    B. 数据结构研究程序设计中计算机操作对象及其关系和运算的专门学科

    C. 任何程序语言处理系统都是相同的

    D. 操作系统是计算机必不可少的系统软件

61. 下面是关于操作系统虚拟存储器技术优点的叙述,其中错误的是_____。

A. 虚拟存储器可以克服内存容量有限不够用的问题

  B. 虚拟存储器对多任务处理提供了有力的支持

  C. 虚拟存储器由物理内存和虚拟内存组成

  D. 虚拟内存(交换文件)只能存放在 C 盘上

62. 下列关于计算机机器语言的叙述中,错误的是_____。

  A. 机器语言就是计算机的指令系统

  B. 用机器语言编写的程序可以在各种不同类型的计算机上直接执行

  C. 用机器语言编制的程序难以维护和修改

  D. 用机器语言编制的程序难以理解和记忆

63. 在 Windows(中文版)系统中,下列选项中不可以作为文件名使用的是_____。

  A. 计算机系统   B. jsj_123.rar

  C. 系统 *.docx   D. ABC987654321_我的书.pptx

64. 下面的几种 Windows 操作系统中,版本最新的是_____。

  A. Windows XP   B. Windows 7

  C. Windows Vista   D. Windows 10

65. 在 Windows 系统中,实际存在的文件在资源管理器中没有显示出来的原因有多种,但不可能是_____。

  A. 隐藏文件   B. 系统文件

  C. 存档文件   D. 感染病毒

66. 以下关于 Windows(中文版)文件管理的叙述中,错误的是_____。

  A. 文件夹的名字可以用英文或中文

  B. 文件的属性若是"系统",则表示该文件与操作系统有关

  C. 根文件夹(根目录)中只能存放文件夹,不能存放文件

  D. 子文件夹中既可以存放文件,也可以存放文件夹,从而构成树型的目录结构

二、是非题

1. "用户使用指南"不属于软件的范畴。   (　　)

2. 从定义上看,文档是软件的一个部分,但事实上现在市场上售卖的大部分软件都不配备文档。   (　　)

3. 软件产品是交付给用户使用的一整套程序、相关的文档和必要的数据。

                     (　　)

4. 软件是计算机能直接识别的程序。 （ ）

5. 按照 ISO 的定义，软件是"包含与数据处理系统操作有关的程序、规程、规则以及相关文档的智力创作"，这里的"相关文档"专指软件开发手册。 （ ）

6. 所谓系统软件就是购置计算机时，计算机供应厂商所提供的软件。 （ ）

7. Office 2000 在多个行业、部门中得到广泛的使用，属于系统软件。（ ）

8. 在 Windows 操作系统中，磁盘碎片整理程序的主要作用是删除磁盘中无用的文件，提高磁盘利用率。 （ ）

9. 操作系统负责对计算机系统的各类资源进行统一管理，因此，数据库中的数据也是由操作系统直接管理的。 （ ）

10. 计算机完成自举后，操作系统全部常驻内存。 （ ）

11. "虚拟内存"是计算机内存的一部分。 （ ）

12. 当前流行的操作系统是 Windows 系列及 Office 系列。 （ ）

13. Windows XP 操作系统可以在任意一台 PC 机上安装。 （ ）

14. Windows 系列操作系统均是机器字长 32 位的单用户、多任务的操作系统。 （ ）

15. Windows 2000 Server 使用的是 Windows 98 的内核。 （ ）

16. Linux 操作系统是 Unix 操作系统的新版本。 （ ）

17. Word、WPS 和 Linux 操作系统都是自由软件，不受法律保护。 （ ）

18. 机器语言是直接运行在裸机上的最基本的系统软件。 （ ）

19. 计算机硬件能识别和执行 C 语言编写的源程序。 （ ）

20. 汇编语言是面向机器指令系统的，因此，汇编语言程序可由计算机直接执行。 （ ）

21. 程序语言中的条件选择结构可以直接描述重复计算过程。 （ ）

22. 同一个程序在解释方式下的运行效率要比在编译方式下的运行效率低。 （ ）

23. FORTRAN 语言在科学计算领域中得到广泛应用。 （ ）

24. C++语言是对 C# 语言的扩充。 （ ）

25. C 语言与运行支撑环境分离，可移植性好。 （ ）

26. 面向对象语言可在程序中将数据结构的逻辑构成和运算操作封装成一类对象。 （ ）

27. 算法中的运算语句必须是机器可执行的。　　　　　　　　（　　　）

28. 算法的健壮性是指当输入数据非法时,算法能反应或处理,而不会产生莫名其妙的输出结果。　　　　　　　　　　　　　　（　　　）

29. 在设计程序时一定要选择一个时间代价和空间代价都最小的算法,而不用考虑其他问题。　　　　　　　　　　　　　　　（　　　）

30. 数据结构按逻辑关系的不同可分为线性关系和非线性关系两大类,树形结构属于非线性结构。　　　　　　　　　　　　（　　　）

31. 在数据结构中,链接表是以指针方式表示的"线性表结构"。　（　　　）

32. 中学里学过的使用辗转相除法求最大公约数的方法,是一种算法。
　　　　　　　　　　　　　　　　　　　　　　　　（　　　）

33. 软件是无形的产品,它不容易受到计算机病毒入侵。　　　（　　　）

34. 用户购买软件后,就获得了它的版权,可以随意进行软件拷贝和分发。
　　　　　　　　　　　　　　　　　　　　　　　　（　　　）

35. 共享软件是一种"买前免费试用"的具有版权的软件,它是一种为了节约市场营销费用的有效的软件销售策略。　　　　　　（　　　）

36. 一个问题的解决往往可以有多种不同的算法。　　　　　（　　　）

37. 存储在光盘中的数字音乐、JPEG 图片等都是计算机软件。　（　　　）

38. 计算机硬件是有形的物理实体,而软件是无形的,软件不能被人们直接观察和触摸。　　　　　　　　　　　　　　　　（　　　）

39. 在一台计算机上可以运行的机器语言程序,就可以在任何其他计算机上正确运行。　　　　　　　　　　　　　　　　　（　　　）

40. 计算机软件必须依附一定的硬件和软件环境,否则它可能无法正常运行。

三、填空题

1. 未获得许可就使用的软件被称为_____软件。

2. 购买软件时,通常要购买软件的 LICENCE,这里 LICENCE 指的是_____。

3. 网络版软件有时标称 50 USERS,其含义是_____。

4. Unix 系统以_____型目录结构的文件系统为基础。

5. 用_____语言编写的程序,全部都是二进制代码形式,可被计算机直接执行。

6. 高级语言的基本成分可归纳为数据成分等四种,重复结构属于_____成分。

7. C 语言源程序转换为目标程序的过程称为_____。

8. 算法必须满足确定性、有穷性、能行性、输入和输出。其中输出的个数 n 应大于等于_____。(填一个数字)

9. 分析一个算法好坏，除考虑时间代价和空间代价之外，最重要的是_____。

10. 在某台 PC 中,已知包含 1 000 个英文字符的纯文本文件占用 4 KB 硬盘空间,那么包含 1 200 个英文字符的纯文本文件占用_____KB 硬盘空间。

11. 如果要求在使用计算机编辑文档的同时,还能播放 MP3 音乐并可从网上下载资料,那么计算机中至少必须有_____个 CPU。

12. 若需在一台计算机上同时运行多个应用程序,必须安装使用具有_____处理功能的操作系统。

13. 为了有效地管理内存以满足多任务处理的要求,操作系统提供了_____管理功能。

14. 在 Windows 系统中,若应用程序出现异常而不响应用户的操作,可以利用系统工具"_____"来结束该应用程序的运行。

第4章 计算机网络

4.1 计算机网络基础

【本节要点】

1. 现代通信是指使用电波和光波传递信息的技术,通常称为电信,一般指双向通信。

2. 通信的目的是传递信息,实现信息传递所需的一切技术设备和传输介质的总和称为通信系统。它包括三个要素:信源、信宿和信道。

3. 模拟信号与数字信号:模拟信号的幅值随时间连续变化,如语音信号等;数字信号的幅值为有限个状态,如计算机输出的信号等。

4. 通信分有线通信和无线通信两大类。有线通信中使用的传输介质是金属导体或光导纤维。金属导体利用电流传输信息,如双绞线和同轴电缆;光导纤维通过光波来传输信息,如光缆;无线通信不需要物理连接,而是通过电磁波在自由空间的传播来传输信息,如无线电波、微波、红外线和激光等。

5. 光缆的特点:优点是传输损耗小,通讯距离长,容量大,屏蔽特性非常好,不易被窃听,重量轻,便于运输和铺设;缺点是精确连接两根光纤很困难。

6. 微波在空间主要是直线传播,也可从物体上得到反射。一种方法是利用微波进行远距离通信的方式,主要依靠地面微波站接力通信;另一种方法是借助卫星进行通信,三颗同步轨道卫星几乎可以覆盖地球所有面积。移动通信指的是处于移动状态的对象之间的通信。第1代个人移动通信采用模拟传输技术,第2代和第3代采用数字传输技术,第4代和第5代是真正意义的高速移动通信系统。

7. 调制与解调:在发送方,利用调幅、调频或调相技术,将数字信息加载到正弦波上以利于长距离传输;接收方再将信息从正弦波中分离出来,转换成适合计算机的数字信号。

8. 多路复用:使多路数据传输合用一条传输线(传输媒介)。常用的复用技术分为时分复用、频分复用、波分复用和码分复用。

9. 交换技术:当两个终端要进行通信时,建立一个临时的通信链路,通信结束后,再拆除链路。分为电路交换和分组交换。电路交换在通信时建立一条实际的物理通道。分组交换将信息分为若干小块,组成一个数据包,采用存储转发方式,每一数据包根据链路的忙闲情况,可经不同的路径到达接收端,再将信息组装起来。

10. 分组交换机

● 分组交换机的任务是:负责包(分组)的转发

● 分组交换机的工作方式是:存储转发+路由选择

● 分组交换机的工作过程:从输入端口收到一个包后,放入缓冲区,检查数据包的目的计算机地址,查转发表。决定该送哪个输出端口进行转发,把包从输入缓冲器中取出,送到相应输出端口的缓冲区中排队。输出端口每发送完一个包,就从自己的缓冲区中提取下一个包进行发送。

11. 计算机网络采用分组交换和存储转发技术的好处:传输线路利用率高;数据通信可靠;灵活性好。同时也带来了问题:分组在各结点存储转发时需要排队,这就会造成一定的时延;分组必须携带的首部(里面有必不可少的控制信息)也造成了一定的开销。

12. 计算机网络性能指标:速率、带宽、吞吐量、时延、利用率等。数据传输速率经常使用的单位是:千比特/秒(kb/s,即 10^3 比特/秒)、兆比特/秒(Mb/s,即 10^6 比特/秒)、吉比特/秒(Gb/s,即 10^9 比特/秒)等。它们的进位为 10^3。带宽指的是该链路的能够达到的最高数据传输速率。

13. 计算机网络是利用通讯设备和线路,将分布在不同地理位置的、功能独立的多个计算机系统连接起来,以功能完善的网络软件实现网络中资源共享和信息传递的系统。

14. 计算机网络一般由计算机、数据通信链路和通信协议等组成。

15. 计算机网络的功能:数据通信、资源共享、高可靠性、节省投资、分布式处理等。

16. 计算机分类
覆盖的地域范围:局域网(LAN)、广域网(WAN)、城域网(MAN)。
拓扑结构:星形、环形、总线型等。
传输介质:有线网和无线网。
使用性质:公用网、专用网。
范围和对象:企业网、政府网、金融网、校园网。

17. 网络的工作模式:对等模式(Peer-to-Peer)和客户/服务器模式(Client/Server)。

【例题分析】

1. 下列_____介质一般不作为无线通信的传输介质。

    A. 无线电波   B. 微波   C. 激光   D. 超声波

分析: 无线电波可以按频率分为:中波、短波和微波,可以认为微波是一种频率很高的无线电波。激光的频率更加高,它们都可用来传播信息。超声波的频率比可听见的声音的频率高一些,但它的强度随距离衰减较快,不适于传播信息。

答案: D

2. 在地面微波接力通信中,中继站的间距一般为_____。

    A. 5 km   B. 50 km   C. 500 km   D. 5 000 km

分析: 微波一般是直线传播,绕射能力差。由于地球是一个球体,当通信两地较远时,就必须考虑地球曲面的影响。根据一般安装微波天线的高度,中继站的距离在 50 km 左右较为适宜。

答案: B

3. 调制解调器主要用于信息的加密和解密。

分析: 一般的调制解调器不具有加密与解密的功能。它的主要作用是,在发送方,将计算机中的 0 和 1 信号转换为适合于长距离传输的信号;在接收方,再把正弦波中携带的信息检测出来,转换成计算机中的数字信息,即 1 和 0 的信号。

答案: 错误

4. 多路复用技术是为了提高传输线路的利用率。

分析: 通信系统中,传输线路的成本所占比重较大,为了提高传输线路的利用率,采取的措施是使多路数据传输合用一条传输线,这就是多路复用技术。多路复用技术分为时分多路复用和频分多路复用。

答案: 正确

5. 现代通信指的是使用电波或_____传递信息的技术。

分析: 现代通信在早期主要使用电波,但使用电波及电子元件也逐渐显现很多缺点,如速度问题、集成度问题、远距离传输的成本问题、保密问题等。因此,光波、光纤、光器件等技术得到迅猛地发展。

答案: 光波

6. 网络通信中，_____不是包(分组)交换机的任务。

   A. 检查包中传输的数据内容

   B. 检查包的目的地址

   C. 将包送到交换机端口进行发送

   D. 从缓冲区中提取下一个包

分析：包交换机的基本任务是存储转发。接受到数据包后，检查目的地址，决定应该送到哪个端口进行发送，每发送完一个包，就从缓冲区中提取下一个包。包交换机并不检查包中传输的内容。

答案：A

7. 为了能在网络上正确地传送信息，制定了一整套关于传输顺序、格式、内容和方式的约定，称之为_____。

   A. OSI 参考模型　　　　　　　　B. 网络操作系统

   C. 网络通信协议　　　　　　　　D. 网络通信软件

分析：网络中的所有计算机都必须遵守同一套网络通信协议才能进行互连。

答案：C

8. 下列关于网络工作模式的说法中，错误的是_____。

   A. 若采用对等模式，网络中每台计算机既可以作为工作站也可以作为服务器

   B. 在客户/服务器模式中，网络中每台计算机要么是服务器，要么是客户机

   C. 用笔记本电脑上网浏览网页，获取信息服务，此时笔记本充当服务器

   D. 一台计算机到底是服务器，还是客户机，取决于该计算机充当服务的提供者，还是服务的请求者

分析：从共享资源的角度来看，提供共享资源的计算机是服务器，对计算机硬件性能要求较高。C 中笔记本电脑充当服务请求者，所以看作客户机。

答案：C

9. 以下操作系统中不能作为网络服务器操作系统的是_____。

   A. Windows 2000 Server　　　　B. Windows NT Server

   C. UNIX　　　　　　　　　　　D. Windows 3. X

分析：Windows 3. X 是老版本的操作系统，没有集成网络通信管理功能，一般不能作为网络操作系统来使用。

答案：D

4.2 计算机网络体系结构

【本节要点】

1. 网络的分层结构

OSI/RM		TCP/IP 协议集
应用层	应用层	Telnet,FTP,SMTP,DNS,HTTP 以及其他应用协议
表示层		
会话层		
传输层	传输层	TCP,UDP
网络层	网络层	IP,ARP,RARP,ICMP
数据链路层	网络接口层	各种通信网络接口(以太网等)(物理网络)
物理层		

2. TCP/IP 协议集是网络互连的工业标准,它包含了 100 多个协议,其中 TCP(传输控制协议)和 IP(网际协议)是两个最基本、最重要的协议。

3. 局域网特点:通常属于一个单位所有,地理范围有限;使用专门铺设的共享的传输介质进行连网和数据通信;数据传输速率高,延迟时间短,误码率低。

4. 局域网的组成

(1) 网络工作站:通过传输介质与局域网相连,充当服务的请求者的计算机。

(2) 网络服务器:为所有工作站提供软件、数据、外设及存储空间服务的计算机。

(3) 网络打印机:为所有网络用户提供打印服务的共享打印机。

(4) 网卡(网络适配器):网卡通过传输介质把节点与网络连接起来,将需要发送的数据从计算机传送到网络,需要接受的数据从网络传送到节点。不同类型的网络使用不同类型的网卡。

(5) 传输介质:数据传输的载体。如光纤、双绞线、同轴电缆等。

(6) 网络互连设备:如路由器、交换机等。

5. MAC 地址:每块网卡都有一个全球唯一的地址码,即该网卡节点的 MAC 地址,也称为介质访问地址。以太网网卡 MAC 地址为 48 位。

6. 数据帧:包括数据、发送节点的 MAC 地址、接受节点的 MAC 地址、校验信

息等。数据帧传送过程:发送—组帧—传送—接收—拆帧

7. 局域网分类

(1) 按使用的传输介质不同可分为:有线局域网、无线局域网。

(2) 按网中各种设备互连的拓扑结构可分为:星型网、环型网、总线网、混合网等。

(3) 按所使用的介质访问控制方法可分为:以太网、FDDI 网和令牌网等。

8. 以太网有共享式和交换式之分。共享式以太网大多以集线器(Hub)为中心构成,其拓扑结构为总线结构。网络中每个节点通过网卡和网线连接到集线器,共享带宽。交换式以太网以以太网交换机为中心构成,其拓扑结构为星形拓扑。所有节点连接到交换机,独享带宽,无论是共享式以太网还是交换式以太网,使用的网卡并无区别。

9. FDDI 网:采用双环结构,采用光纤将多个节点接起来,与以太网相连必须通过网关或路由器。

10. 无线局域网:采用无线电波、红外线和激光等进行数据通信。

11. 局域网的扩展方法

(1) 中继器:作用在网络的物理层,只起放大信号的作用,用于连接同类型的两个局域网或者延伸一个局域网的范围。

(2) 网桥:用来连接两个同类型的网段,但比中继器多一个"帧过滤"功能,即网桥会检查每一个信息帧的发送地址和目的地址。

【例题分析】

1. 网卡是计算机连网的必要设备之一,下列说法中错误的是_____。

    A. 局域网中的每台计算机中都必须有网卡

    B. 一台计算机中只能有一块网卡

    C. 不同类型局域网中的网卡不同,不能交换使用

    D. 网卡借助于网线(或无线电波)与网络连接

分析:比如,作为内外网代理的服务器就必须安装两块网卡,一块连接内网,一块连接外网。

答案:B

2. 局域网中使用得最广泛的是共享式以太网,下面关于共享式以太网的叙述中,正确的是_____。

    ① 为了保证网上能正确发送信息,共享式以太网采用带冲突检测的载波

侦听多路访问(CSMA/CD)方法

② 共享式以太网中的每个节点都有一个唯一的地址,发送一帧信息时,必须包含发送节点的地址和接收节点的地址,该地址就是 IP 地址

③ 数据传输速率为 10～100 Mbps,甚至更快

④ 共享式以太网以共享式集线器为中心构成,网络中的节点通过网卡和双绞线连接到集线器

A. ①②　　　　　　　　　　B. ②④

C. ①③④　　　　　　　　　D. ①②③④

分析: ②中提到的地址应该是 MAC 地址,为实现以太网中任意两点之间的通信,每个节点根据网卡中全球唯一的 MAC 地址进行区别,用 48 位二进制表示。

答案: C

3. 下列关于 FDDI 光纤分布式数字接口网的叙述,错误的是＿＿＿＿＿＿＿。

A. 具有高可靠性和数据传输的保密性

B. 支持较高的数据传输速率(100 M 或更高)

C. 常用于构造局域网的主干部分

D. 和以太网同为局域网,所以可以直接通过集线器相连

分析: 光纤分布式数字接口网(FDDI)采用环形拓扑结构、使用光纤作为传输介质、数据帧采用与其他局域网不同的格式,常用于构造局域网的主干部分。与其他局域网进行互连时,需要通过网桥或路由器才能实现。

答案: D

4. 下面关于交换机与普通集线器的叙述,其中错误的是＿＿＿＿＿＿＿。

A. 交换机从发送节点接收数据后,直接根据接收方 MAC 地址发送给接收方,而不向其他节点发送数据,从而提高网络的整体数据传输速度

B. 若交换机所有端口及所有节点网卡的带宽均为 100 M,则每个节点独享 100 M

C. 若共享式集线器所有端口及所有节点网卡的带宽均为 100 M,则每个节点独享 100 M

D. 若普通集线器所有端口及所有节点网卡的带宽均为 100 M,则整个网络所有节点共享 100 M

分析: 以交换机组建的交换式以太网采用星形拓扑结构,每个节点独享带宽,而以普通集线器组建的共享式以太网则是共享带宽。

答案: C

5. 下面关于无线局域网的说法中,错误的是_____。

    A. 无线局域网是局域网与无线通信技术相结合的产物

    B. 无线局域网采用红外线或无线电波进行数据通信

    C. 无线网络还不能完全脱离有线网络,它只是有线网络的补充

    D. 无线局域网采用的是 FTP 协议

分析:无线局域网采用的协议有 802.11 和蓝牙等标准。

答案:D

6. 在组建局域网时,若线路的物理距离超出规定的长度,一般需要增加_____设备。

    A. 服务器   B. 中继器   C. 调制解调器   D. 网卡

分析:扩展局域网需增加中继器或网桥这两种设备。

答案:B

7. 下面关于无线局域网的说法中,错误的是_____。

    A. 无线局域网是局域网与无线通信技术相结合的产物

    B. 无线局域网采用红外线或无线电波进行数据通信

    C. 无线网络还不能完全脱离有线网络,它只是有线网络的补充

    D. 无线局域网采用的是 FTP 协议

分析:无线局域网采用的协议有 802.11 和蓝牙等标准。

答案:D

8. 在组建局域网时,若线路的物理距离超出规定的长度,一般需要增加_____设备。

    A. 服务器   B. 中继器

    C. 调制解调器   D. 网卡

分析:扩展局域网需增加中继器或网桥这两种设备。

答案:B

4.3 因 特 网

【本节要点】

1. 因特网的发展阶段:单个 ARPANET 网络向互联网发展;三级结构的因特网、多层次 ISP 结构的因特网。

2. 因特网由边缘部分和核心部分构成。边缘部分由所有链接在因特网上的主机组成。核心部分由大量网络和链接这些网络的路由器组成。路由器是实现分组交换的关键。

3. IP 地址

（1）因特网上的每台计算机使用"IP 地址"作为其标识。

（2）IP 地址的特点

唯一性：网络上的每台计算机都有一个与众不同的唯一的 IP 地址。

简明性：IPv4 地址的长度都是 32 个二进位，IPv6 地址的长度为 128 个二进位。

（3）IP 地址的格式：包含网络号和主机号 2 个部分。

A 类地址	0	网络号		主机号（24 位）	
B 类地址	1	0	网络号		主机号（16 位）
C 类地址	1	1	0	网络号	主机号（8 位）

（4）A、B、C 三类 IP 地址的十进制表示

IP 地址	首字节取值	网络号取值	举例
A 类	1～126	1～126	61. 155. 13. 142
B 类	128～191	128.0～191.255	128. 11. 3. 31
C 类	192～223	192.0.0～223.255.255	202. 119. 36. 12

（5）特殊的 IP 地址

主机号为"全 0"的 IP 地址，称为网络地址，用来表示整个一个网络。

主机号为"全 1"的 IP 地址，称为直接广播地址，指整个网络中的所有主机。

4. IP 数据报

IP 协议定义了一种独立于各种物理网的统一的数据包格式，称为 IP 数据报（IP datagram）。

5. 路由器

路由器是一种能够连接异构网络的分组交换机，其作用是按照路由表在网络之间转发数据包，根据需要对数据包的格式进行转换。

6. 因特网（互联网）

世界上最大的计算机网络，采用 TCP/IP 协议，起源于美国。

7. 域名系统（DNS）

实现入网主机域名和 IP 地址的转换。

（1）美国不使用国家代码作为第 1 级域名，中国一般用"cn"作为第 1 级域名。

（2）一台主机只能有一个 IP 地址，但可以有多个域名，当主机变更物理网络时，必须更换 IP 地址，但可以保留原来的域名。

8．因特网的接入

（1）电话拨号接入：家庭计算机用户利用本地电话网通过调制解调器拨号接入广域网。下载速度慢，容易掉线。

（2）综合业务数字网（ISDN）：通过普通电话的本地环路向用户提供数字语音和数据传输服务。速率不高，价格又不便宜。

（3）数字用户线（DSL）技术：通过电话线的本地环路提供数字服务的新技术，其中不对称数字用户线（ADSL）提供三个信息通道：电话通道、上行通道和下行通道，下行通道的速度要高于上行通道。

（4）电缆调制解调技术：利用有线电视网高速传送数字信息的技术。

（5）光纤接入网：使用光纤作为主要传输介质的远程网接入系统。

● 工作原理：在交换机一侧，应把电信号转换为光信号，以便在光纤中传输，到达用户端时，要使用光网络单元（ONU）把光信号转换成电信号，然后再传送到计算机。

● 光纤接入网分类

按照主干系统和配线系统的交界点——光网络单元（ONU）的位置可划分为：光纤到路边（FTTC）、光纤到小区（FTTZ）、光纤到大楼（FTTB）、光纤到家庭（FTTH）等，我国目前采用"光纤到楼、以太网入户"（FTTx＋ETTH）。

（6）无线接入：目前采用无线方式接入因特网的技术主要有无线局域网接入、GPRS 移动电话网接入和 3G 移动电话网接入三种。

9．电子邮件（E-mail）

● 合法的 E-mail 地址：邮箱名@邮箱所在的主机域名。

● 邮件服务器：用户开户时所在的网络中专门用来存放所有邮箱的计算机。

● 电子邮件的组成：头部（header）、正文（body）、附件。

10．即时通信（IM）

● 即时通信也称实时通信，它是因特网提供的一种允许人们实施快速地交换消息的通信服务。例如，腾讯公司的 QQ 和微信等。

● 即时通信的特点：高效、便捷和低成本。

11．远程文件传输（FTP）：采用 FTP 协议，按客户/服务器（C/S）模式工作，要求文件传输的客户方运行 FTP 客户程序,参与文件传输的服务方运行 FTP 服务器程序,两者协同工作。

● 一次可以传输一个文件,也可以传输多个文件。

● FTP 服务器一般都设置了登录名和口令,匿名用户可使用 anonymous 为登录名。

12. 万维网(WWW)

● WWW:由遍布在因特网中的 Web 服务器和安装了 Web 浏览器的计算机组成。

● 网页:Web 服务器中向用户发布的文档,大多数网页采用 HTML 描述,以 htm 或 html 为后缀。

HTML 超文本标记语言:W3C 制定的一种标准的超文本标记语言,使用一对尖括号作为标记的开始和结束。

● HTML 文档的组成:头部(包含文档标题及说明信息)和正文(包含信息资源的具体内容)。

● URL 统一资源定位:用于标识 WWW 网中信息资源的位置。由协议、主机域名或 IP 地址、端口和路径组成。

● 超链:链源→链宿,链源是字、词、句子、图像,但不可以是某种颜色、声音、图片的边缘等鼠标点不上的资源;链宿用 URL 指出是本服务器或另一个服务器上的某个信息资源,也可以是文本内部标记有书签(锚)的某个地方。

● Web 浏览器

功能:将用户信息请求传送给 Web 服务器和向用户展现从 Web 服务器得到的信息。

组成:一组客户程序、一组解释器和一个管理控制程序。

服务:http(网页浏览)、ftp(远程文件传输)、mailto(发送电子邮件)、telnet(远程登录)、news(网络新闻服务)等。

● Web 信息检索工具

按主题目录寻找信息:用户通过点击按主题分类排列的主题目录中一层一层的超链来查找有关信息。

使用搜索引擎查找信息:当用户通过浏览器提出检索请求时,搜索引擎中的检索器从索引数据库中找到匹配的网页,由评估程序计算其相关度,然后将这些网页的摘要及其 URL 排序之后发送给用户。

● Web 信息处理系统

建立在因特网和 Web 技术基础上的信息处理系统。

13. 远程登录：采用 Telnet 协议，用户通过本地计算机来使用远程的大型计算机资源。

【例题分析】

1. 以下关于局域网和广域网的叙述中，正确的是_____。
   A. 广域网只是比局域网覆盖的地域广，它们所采用的技术是完全相同的
   B. 家庭用户拨号入网，接入的大多是广域网
   C. 现阶段家庭用户的 PC 机只能通过电话线接入网络
   D. 单位或个人组建的网络都是局域网，国家建设的网络才是广域网

   分析： 从功能上说，广域网和局域网并无本质区别，只是由于数据传输速率相差很大，一些局域网上能够实现的功能在广域网上要借助特殊的技术手段才能完成。局域网和广域网不是按组建单位来区分的，而是按地域范围来划分的。家庭用户除了可以通过电话线上网，还可以通过有线电视线路上网。

   答案： B

2. 在路由表中，为消除重复路由，采用一个项来代替路由表中许多具有相同下一站的项，称为_____。

   分析： 默认路由减少路由表中重复项，缩短搜索路由表的时间，加快转发速度。

   答案： 默认路由

3. 下面是关于 Internet 中传输电子邮件的叙述，其中正确的是_____。
   A. 同一电子邮件中的数据都通过同一条物理信道传输到目的地
   B. 带有附件的电子邮件将作为 2 个数据包传输到目的地
   C. 电子邮件利用的是实时数据传输服务，邮件一旦发出对方立即收到
   D. 电子邮件被分隔成若干小块，组成一个个数据包，在通信网络中经过多节点存储转发到目的地，再将它们重新组装成原来的电子邮件

   分析： 广域网的工作原理就是分组交换与存储转发，将电子邮件分成若干分组，是为了传输方便，防止堵塞，检错也比较容易，但这些分组可以选择不同的路径到达目的地，这种传输方法肯定有延时，不可能用于实时性要求较高的服务。

   答案： D

4. 网络互连要借助协议来解决计算机统一编址、数据包格式转换等问题。

   分析： 只有这样才能把不同类型的网络连成一个巨大的网络，并允许网络中的任意两台计算机进行通信。

答案：正确

5. 通常把 IP 地址分为 A、B、C、D 和 E 五类，IP 地址 202.115.1.1 属于_____类。

分析：IP 地址 202.115.1.1 的第一段为十进制 202，化成二进制为 11001010，以"110"开头，应属于 C 类地址。

答案：C

6. 把异构网络互相连接起来的基本设备是路由器（router），下图是通过路由器 R 把两局域网进行互连的示意图，该路由器应该分配 2 个 IP 地址，还缺 1 个。下列选项中 IP 地址_____最有可能？

　　A．223.240.129.2　　　　　　　B．78.0.1.18

　　C．131.108.99.15　　　　　　　D．131.0.0.0

分析：联网的路由器应分配两个或多个 IP 地址，路由器每个端口的 IP 地址必须与相连子网的 IP 具有相同的子网地址。

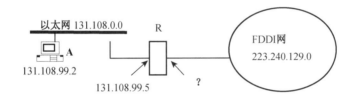

答案：A

7. 调制解调器的主要作用是利用现有电话线、有线电视电缆等模拟信号传输线路来传输数字信息。

分析：调制解调器（ Modem ）由调制器（MOdulator，数字信号→模拟信号）和解调器（DEModulator，模拟信号→数字信号）两部分组成。Modem 的类型有外置式、内置式、PCMCIA 插卡式。

答案：正确

8. ADSL 是一种宽带接入技术，其数据的下载速度比上传速度_____。

分析：不对称数字用户线（ADSL）是一种为接收信息远多于发送信息的用户而优化的技术，为下行通道提供比上行通道更高的传输速率。并且上网、电话两不误，上网不需要付额外电话费。以尽力而为的方式进行数据传输。

答案：快

9. Cable MODEM 是常用的宽带接入方式之一。下面说法中，错误的是_____。

A. 它利用现有的有线电视电缆线作为传输介质

B. 它的带宽很高,数据传输速度很快

C. 用户可以始终处于连线状态,无须像电话 Modem 那样拨号后才能上网

D. 在上网的同时不能收看电视节目

分析:电缆调制解调技术采用频分多路复用技术,将同轴电缆的整个频带划分为数字信号上传、数字信号下传和电视节目(模拟信号)下传 3 个部分。它的优点是集调制/解调功能、加密/解密功能、网卡及集线器等功能于一身,无须拨号上网,不占用电话线,可永久连接,理论上没有距离限制,它覆盖的地域很广;它的缺点是数据传输速率不够稳定,投资巨大。

答案:D

10. 下列网络协议中,不用于收发电子邮件的是_____。

A. SMTP　　　　B. POP3　　　　C. IMAP　　　　D. FTP

分析:MIME 协议用于在头部和正文中说明正文使用的数据类型和编码;SMTP 协议用于传输邮件;POP3 协议用于鉴别用户身份;IMAP 协议(Internet 消息访问协议)具有智能邮件储存功能;FTP 协议用于远程文件传输。

答案:D

11. 某用户在 WWW 浏览器地址栏内键入一个 URL:http://www.zdxy.cn/index.htm,其中"/index.htm"代表_____。

A. 协议类型　　　　　　　　B. 主机域名

C. 路径及文件名　　　　　　D. 用户名

分析:URL 由服务种类、主机名、文件路径和文件名组成。服务种类是 http,主机名为 www.zdxy.cn,/index.htm 则是表示文件路径和文件名。

答案:C

12. 下面关于 FTP 文件传输协议的叙述,错误的是_____。

A. 要求进行文件传输的发起方是客户方,运行 FTP 客户程序,参与文件传输的一方为服务方

B. 客户方运行 FTP 程序后,首先要和远程的某个 FTP 服务器建立一个 TCP 连接

C. FTP 服务器要求客户提供登录名和口令(或匿名),然后才可以进行文件传输

D. 文件传输操作一次只能传输一个文件

分析：见"本节要点"3。

答案：D

4.4 物 联 网

【本节要点】

1. 物联网是在因特网的基础上，任何物品与物品之间都可以进行信息交换和通信，是对因特网和移动网络的进一步拓展，采用无线传感器、射频识别(RFID)、智能技术和纳米技术等连接物理世界。

2. 物联网的特征：全面感知、可靠传递、智能处理。

3. 物联网基本技术框架：感知层、网络层和应用层。

4. 物联网技术

(1) 无线射频识别(RFID)技术

RFID技术是一种无线通信技术，可通过无线电讯号识别特定目标并读写相关数据，而无须在识别系统与特定目标之间建立机械或光学接触，是一种非接触式识别技术。最基本的RFID系统由电子标签、读写器和天线三部分组成。

(2) 传感技术

传感技术是利用传感器从自然信源获取信息，并对之进行处理(变换)和识别的一门多学科交叉的现代科学与工程技术。它涉及传感器、信息处理和识别的规划设计、开发、制造、测试和应用等活动。

(3) 嵌入式技术

嵌入式技术是综合了计算机软硬件、传感技术、集成电路技术、电子应用技术为一体的复杂技术。嵌入式是一种专用的计算机系统去执行专用功能，使之作为装置或设备的一部分。

(4) 智能服务技术

智能服务技术是利用射频识别技术、传感器、全球定位系统等先进的物联网技术，达到对某行业数据信息处理的智能化，提高事务处理的效率。

【例题分析】

射频识别卡与其他的磁卡最大的区别在于_____。

A. 功耗 　　　B. 非接触性 　　C. 抗干扰性 　　D. 保密性

分析:RFID 技术无须在识别系统与特定目标之间建立机械或光学接触,采用这种技术制作的射频识别卡具有非接触性。

答案:B

4.5　网络安全技术

【本节要点】

1. 网络安全特征:保密性、完整性、可用性、可控性。

2. 数据加密:其基本思想是改变符号的排列方式或按照某种规律进行替换,使得只有合法的接受方才能读懂,任何其他人即使窃取了数据也无法了解其内容。

3. 数字签名:附加在信息上并随着信息一起传送的一串代码,与普通手写签名一样,目的是让对方相信信息的真实性。

4. 真实性鉴别:证实某人或某物的真实身份与其所声称的身份是否相符的过程。

(1) 身份鉴别是访问控制的基础。

(2) 常用方法:只有本人才知道的信息、本人才具有的信物、生理和行为特征等。

5. 访问控制:根据用户的不同身份而设置其对信息资源的访问权限。

访问控制的任务:对系统内的每个文件或资源规定各个用户对它的操作权限。

6. 因特网防火墙:可以保护单位内部网络,不受来自外部网的非法访问。防火墙可以对每个 IP 包头部中的有关字段进行检查,按照网络管理员的配置控制 IP 包的通行与否。

7. 入侵检测:主动保护系统免受攻击的一种网络安全技术。

【例题分析】

1. 对于有 10 个用户的网络来说,使用对称密钥加密系统,共需要＿＿＿＿＿个密钥;使用公共密钥加密系统则需要＿＿＿＿＿对密钥。

分析:明文是指加密前的原始数据(消息),密文是指加密后的数据,密码是指将明文和密文进行相互转换的算法,密钥是指在密码中使用且仅仅为收发双方知道的信息。对称密钥加密系统:收发双发使用的密钥相同。算法不需保密,密钥要保密,密钥的管理和分发非常复杂。用来加密大批量的数据,如 DES、AES、IDE-

AD 等。公共密钥加密系统:收发双发使用的密钥不同。用户有一对密钥,私有密钥要保密,公共密钥可以公开。密钥的分配管理简单,安全性高但速度慢。用来加密关键性核心机密数据,如 RSA。在对称密钥加密系统中,n 个用户的网络需要 $n(n-1)/2$ 个密钥;在公共密钥加密系统中则需要 $2n$ 个密钥。

答案:45　　10

2. 设有两个网段 210.123.6.0 和 210.123.9.0,两网段由防火墙隔开,现要求 210.123.6.0 不准访问另一网段中的所有计算机,则防火墙的过滤条件为_____。

　　A. Source 为 210.123.6.0　　　　B. destination 为 210.123.6.0

　　C. Source 为 210.123.9.0　　　　D. destination 为 210.123.9.0

分析:条件 A 将规定所有来自 210.123.6.0 的数据包均不能通过防火墙,这样就无法与另一网段中的所有计算机进行通信。

答案:A

3. 图中安放网络防火墙比较有效的位置是_____。

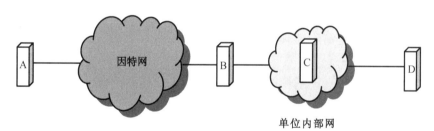

分析:防火墙用来保护单位内部网络,只有放在 B 位置,将外界因特网和内部网分隔开来,才能真正起到效果。

答案:B

【习题练习】

一、选择题

1. 计算机组网的目标是实现_____。

　　A. 数据处理　　　　　　　　　B. 信息传输与数据处理

　　C. 文献查询　　　　　　　　　D. 资源共享与信息传递

2. 一座办公大楼内各个办公室中的微机进行联网,这个网络属于_____。

　　A. WAN　　　　B. LAN　　　　C. MAN　　　　D. GAN

3. 广域网与局域网相比_____。

A. 前者数据传输率高 　　　　　 B. 后者数据传输率高

C. 二者数据传输率差不多 　　　 D. 两者传输率无法判定

4. 根据计算机网络覆盖地理范围的大小,网络可分为广域网、城域网和_____。

A. 局域网 　　　 B. 以太网 　　　 C. Internet 　　　 D. 互联网

5. 下面关于网络中"客户/服务器"工作模式的叙述,错误的是_____。

A. 工作站运行的服务请求程序是"客户",应用服务器运行的接收请求程序是"服务器"

B. 在完成一项复杂的应用时,可以将需要大量计算的耗时的任务交给功能强大的应用服务器,而工作站只完成一些输入输出等简单任务

C. "客户/服务器"工作模式是指由微机专用服务器和工作站构建的网络

D. 数据库服务器是一种目前广泛使用的应用服务器,工作站将复杂的数据库操作交给数据库服务器来完成

6. 局域网常用的基本拓扑结构有_____、环型和星型。

A. 层次型 　　　 B. 总线型 　　　 C. 交换型 　　　 D. 分组型

7. 一台微机要连接入局域网,微机一般要安装网卡,网卡的全称叫作_____。

A. 集线器 　　　　　　　　　　　 B. T 型接头

C. 终端匹配器(端接器) 　　　　 D. 网络接口卡

8. 下列关于计算机网卡叙述正确的是_____。

A. 网卡只充当连接器作用,便于与网络线路连接

B. 所有局域网使用相同类型网卡

C. 接入无线局域网,无需使用网卡

D. 每块网卡都有一个全球唯一的 MAC 地址

9. 计算机局域网的硬件构成主要包括网络服务器、网络工作站、网络接口卡和_____。

A. 网络拓扑结构 　　　　　　　 B. 计算机

C. 传输介质 　　　　　　　　　 D. 网络协议

10. 以下关于计算机局域网的叙述,错误的是_____。

A. 通常为一个单位所有,地理范围有限

B. 使用专用的、多台计算机共享的传输介质,数据传输速率高

C. 通信延迟时间较短

D. 接入局域网的计算机台数不限

11. 网络打印机是为网络用户提供打印服务的一台共享的打印机,下面关于共享打印的叙述,错误的是_____。

A. 通常共享打印机需建立一打印队列,打印队列由打印服务器管理

B. 打印作业一旦提交给打印队列就不能被中止打印

C. 共享打印机可以安装在一台专门的计算机上

D. 共享打印机可以作为网络设备,通过自己的网卡直接接入网络

12. 在总线型局域网中,计算机通过专门的_____连接到传输介质上。

A. 网关　　　　B. 网卡　　　　C. MODEM　　　D. 路由器

13. 常用局域网有以太网、FDDI 网和无线局域网等,下面的叙述中错误的是_____。

A. 共享式以太网采用 CSMA/CD 方法进行通信

B. FDDI 网和以太网可以直接进行互连

C. 交换机比普通集线器具有更高的数据传输性能

D. FDDI 网采用光纤双环结构,可靠性和保密性更高

14. 在交换式以太网中,安装 10/100 Mbps 自适应网卡的计算机,其数据传输带宽工作在_____。

A. 10～100 Mbps 之间

B. 10 Mbps

C. 100 Mbps

D. 10 Mbps 或 100 Mbps ,由连接的交换机端口的带宽决定

15. 交换式局域网的拓扑结构是_____。

A. 环形　　　　B. 星形　　　　C. 总线形　　　D. 网格形

16. 下列不属于无线局域网的设备是_____。

A. 无线网卡　　B. 无线 HUB　　C. 无线网桥　　D. 蓝牙

17. 广城网(WAN)是一种跨越很大地域范围的计算机网络,下面关于广域网的叙述中,正确的是_____。

A. 广域网是一种通用的公共网,所有计算机用户都可以接入广域网

B. 广域网使用专用的通信线路,数据传输速率很高

C. 广域网像很多局域网一样按广播方式进行通信

D. 广域网理论上能连接任意多的计算机,也能将相距任意距离的计算机互相连接起来

18. 下列关于局域网中继器功能的叙述中,正确的是_____。

A. 它用来过滤掉会导致错误和重复的比特信息

B. 它可以用来连接以太网和令牌环网

C. 它能够隔离不同网段之间不必要的网络通信

D. 它用来对信息整形放大后继续进行传输

19. 家用电脑要接入 Internet，可以通过＿＿＿＿＿＿＿连到电话线，接入 Internet 服务中心或单位信息中心。

    A. Modem   B. 网卡   C. 路由器   D. 网关

20. 宽带综合业务数字网中的"宽带"指的是＿＿＿＿＿＿＿。

    A. 数据传输介质体积大   B. 网络的传输速率高

    C. 网络中传输信息媒体种类多   D. 网络的地域范围广

21. 目前，我国家庭计算机用户接入互联网的下述几种方法中，速度最慢的是＿＿＿＿＿＿＿。

    A. 电话拨号   B. ADSL   C. 光纤入户   D. 一线通

22. ADSL 是一种宽带接入技术，只需在线路两端加装 ADSL 设备（专用的 Modem）即可实现 PC 机用户的高速连网。下面关于 ADSL 的叙述中，错误的是＿＿＿＿＿＿＿。

    A. 可在同一条电话线上接听、拨打电话并同时上网，两者互不影响

    B. 能在电话线上得到 3 个信息通道：一个电话服务的通道，一个上行通道，一个下行通道

    C. 上行通道和下行通道数据传输速度相等

    D. ADSL 上网不需要缴付额外的电话费

23. ADSL 宽带接入 Internet，不需要下面＿＿＿＿＿＿＿条件。

    A. ADSL MODEM

    B. 以太网网卡

    C. 普通的 MODEM

    D. 一条电话线并申请开通 ADSL 服务

24. 光纤接入网按主干系统和配线系统的交界点的位置可划分为多种类型，其中＿＿＿＿＿＿＿为光纤到大楼的英文缩写。

    A. FTTC   B. FTTZ   C. FTTB   D. FTTH

25. 分组交换网为了能正确地将用户数据包传输到目的地计算机，数据包中必须包含＿＿＿＿＿＿＿。

    A. 包的源地址   B. 包的目的地址

  C.　MAC 地址   D.　下个交换机的地址

26.　分组交换网的路由表中，"下一站"取决于_____。

  A.　包的源地址   B.　包经过的路径

  C.　包的目的地址   D.　交换机所在位置

27.　下列说法错误的是_____。

  A.　电路交换线路利用率低，通信成本高

  B.　ATM 又称信元中继交换

  C.　分组交换线路利用率高，宜用于实时通信或交互通信

  D.　异步转移模式宜用于音频、视频等多媒体数据的通信

28.　异步转移模式(ATM)有许多优点，下面叙述中错误的是_____。

  A.　既能提供分组交换方式的常规数据传输服务，又能提供电路交换方式的实时数据传输服务

  B.　使用了固定长度的短信元作为分组单位，便于采用高速硬件对信元头部信息进行识别，形成高速交换技术

  C.　异步转移模式不太适合于声音、视频等多媒体数据的通信

  D.　异步转移模式是一种快速分组交换技术，可以用来建立局域网和广域网

29.　下面属于广域网技术的是_____。

  A.　wifi   B.　蓝牙   C.　ATM   D.　Ethernet

30.　下列网络属于广域网的是_____。

  A.　蓝牙网   B.　ATM 网

  C.　以太网   D.　Novell 网

31.　在计算机术语中 OSI/RM、ISO、NOS 的中文含义分别是_____。

  A.　网络通信协议、网络操作系统、公共数据通信网

  B.　国家信息基础设施、开放系统互联参考模型、国际标准化组织

  C.　开放系统互联参考模型、国际标准化组织、网络操作系统

  D.　公共数据通信网、国家信息基础设施、国际标准化组织

32.　OSI/RM 的七层模型中，最底下的_____层主要通过硬件来实现。

  A.　1   B.　2   C.　3   D.　4

33.　OSI(开放系统互联)参考模型的最低层是_____。

  A.　传输层   B.　网络层   C.　物理层   D.　应用层

34.　Internet 上许多不同的复杂网络和许多不同类型的计算机赖以互相通信

的基础是_____协议。

    A. ATM   B. TCP/IP   C. Novell   D. 蓝牙

35. 企业内部网是采用 TCP/IP 技术,集 LAN、WAN 为一体的一种网络,它也称为_____。

    A. 局域网   B. 广域网   C. Intranet   D. Internet

36. 下列关于 TCP/IP 协议的叙述,错误的是_____。

    A. 通过网络互连层 IP 协议将底层不同的物理帧统一起来,使得 TCP/IP 协议适用于多种异构网络互连

    B. TCP/IP 协议是一个协议系列,它包含 100 多个协议,TCP、IP 协议是其中两个最基本、最重要的协议

    C. TCP/IP 协议已作为 UNIX、WINDOWS 等操作系统的内核

    D. TCP/IP 协议广泛用于广域网互连,但不可用于局域网通信

37. IP 地址中,下面关于 C 类地址说法,正确的是_____。

    A. 它可用于中型网络

    B. 所在网络最多只能连接 254 台主机

    C. 它用于多目的地址发送(组播)

    D. 它为今后使用而保留

38. Internet 使用 TCP/IP 协议实现了全球范围的计算机网络的互连,连接在 Internet 上的每一台主机都有一个 IP 地址。下面_____可作为一台主机的 IP 地址。

    A. 127.0.0.1   B. 120.34.0

    C. 21.18.33.48   D. 202.256.97.0

39. 在校园网中,只分配 100 个 IP 地址给计算中心,但计算中心有 400 台计算机要接入 Internet,以下说法正确的是_____。

    A. 只能允许 100 台接入 Internet

    B. 由于 IP 地址不足,导致 300 台计算机无法设置 IP 地址,无法连网

    C. 计算机 IP 地址可任意设置,只要其中 100 台 IP 地址设置正确,便可保证 400 台计算机同时接入 Internet

    D. 安装代理服务器,动态分配 100 个 IP 地址给这 400 台计算机,便可保证 400 台计算机同时接入 Internet

40. 为了实现 Internet 中的计算机相互通信,每个入网计算机通信时需有一个唯一的_____。

A. 电子账号   B. IP 地址   C. 主机名   D. 域名

41. 在 TCP/IP 协议中,关于 IP 数据报的叙述,错误的是_____。

    A. IP 数据报头部信息中,为了减少传输数据量,只包含目的 IP 地址

    B. IP 数据报的长度可长可短,最长可达 64KB

    C. IP 数据报包含 IP 协议的版本号

    D. IP 数据报包含数据报服务类型

42. 下列关于无线局域网的叙述中,正确的选项是_____。

    A. 由于不使用有线通信,无线局域网绝对安全

    B. 无线局域网的传播介质是高压电线

    C. 无线局域网的安装和使用的便捷性是其得以广泛使用的主要原因

    D. 无线局域网在空气中传输数据,速度不限

43. CERNET 是我国已建成和使用的_____。

    A. 中国教育和科研计算机网   B. 中国国家计算与网络设施工程

    C. 中国公用计算机互联网   D. 中国联通网

44. Sun 中国公司网站上提供了 Sun 全球各公司的链接网址,其中 WWW. SUN. COM. CN 表示 SUN_____公司的网站。

    A. 中国   B. 美国   C. 奥地利   D. 匈牙利

45. 网络域名服务器存放_____。

    A. 域名   B. IP 地址

    C. 用户名和口令   D. 域名和 IP 地址对照表

46. Internet 的域名结构是树状的,顶级域名不包括_____。

    A. usa 美国   B. com 商业部门

    C. edu 教育   D. cn 中国

47. IP 地址是一串很难记忆的数字,于是人们发明了_____,给主机赋予一个用字母代表的名字,并进行 IP 地址与名字之间的转换工作。

    A. DNS 域名系统   B. WINDOWS NT 系统

    C. UNIX 系统   D. 数据库系统

48. 为 Internet 网络中主机规定一个符号名,替代 IP 地址,方便用户访问网络中的资源,此符号名称为_____。

    A. 信箱地址   B. 服务器地址

    C. 域名   D. E-MAIL 地址

49. 在使用 IE 浏览器拨号上网收发邮件前,必须完成三项准备工作,其中不

包括_____。

A. 准备好声卡

B. 申请电子邮件信箱

C. 连接与设置调制解调器

D. 正确设置 WINDOWS 中拨号网络

50. 通过 Internet 查询大学图书馆网站上的藏书目录页面,这属于 Internet 提供的_____服务。

A. 电子邮件　　　　　　　　B. WWW 信息服务

C. 远程登录　　　　　　　　D. 远程文件传输

51. 目前流行的 E-mail 指的是_____。

A. 电子商务　　B. 电子邮件　　C. 电子设备　　D. 电子通讯

52. 网上银行是现代银行金融业的发展方向,它利用_____来开展银行业务,它将导致一场深刻的银行革命。

A. 电话　　　　B. 电视　　　　C. 传真　　　　D. Internet

53. 下列电子邮件地址中,合法的是_____。

A. @online. com. cn　　　　B. com. cn

C. smith@online. com. cn　　D. online. com. cn

54. 如果想把一文件传送给别人,而对方又没有 FTP 服务器,最好的办法是使用_____。

A. E-mail　　　B. Gopher　　C. WWW　　　D. WAIS

55. Internet 上有许多应用,其中用来收发信件的是_____。

A. WWW　　　B. E-mail　　C. FTP　　　D. TELNET

56. Internet 上有许多应用,其中主要用来浏览网页信息的是_____。

A. E-mail　　　B. FTP　　　C. TELNET　　D. WWW

57. Internet 上有许多应用,其中用来传输文件的是_____。

A. E-mail　　　B. FTP　　　C. TELNET　　D. WWW

58. Internet 上有许多应用,其中可以用来登录其他主机的是_____。

A. E-mail　　　B. TELNET　　C. WWW　　　D. FTP

59. 互联网络上的服务都是基于一种协议,WWW 信息服务基于_____协议。

A. SMIP　　　B. HTTP　　　C. SNMP　　　D. TELNET

60. HTML 的中文名称是_____。

A. 主页制作语言   B. 超文本标记语言

C. WWW 编程语言   D. JAVA 语言

61. 下面关于电子邮件系统叙述错误的是_____。

    A. 电子邮件的客户需安装电子邮件程序,负责发送和接收邮件

    B. 用户邮件发送时,邮件传输程序必须与远程的邮件服务器建立连接,并按 SMTP 协议传输邮件

    C. 用户接收邮件时,按照 POP3 协议向邮件服务器提出请求,通过身份验证后,便可对自己的邮箱进行访问

    D. 邮件服务器负责接收邮件并存入收件人信箱,以及识别用户身份,进行访问控制,不需执行 SMTP、POP3 协议

62. 某用户的 E-mail 地址是 stu@njnu. edu. cn,那么该用户邮箱所在服务器的域名很可能是_____。

    A. stu@njnu. edu. cn   B. @njnu. edu. cn

    C. njnu. edu. cn   D. njnu

63. WWW 信息服务目前已经成为因特网上最广泛使用的一种服务。下面关于 WWW 信息服务的叙述中,错误的是_____。

    A. Web 浏览器通过超文本传输协议 HTTP 向服务器发出请求,用统一资源定位器 URL 指出哪一个服务器中的哪个文件

    B. Web 浏览器是一个比较复杂的软件,它既要与服务器通信,又要解释和显示 HTML 文档,还要实时生成动态文档

    C. Web 浏览器不仅能获取和浏览网页,而且还能完成 E-mail、Telnet、FTP 等其他 Internet 服务

    D. WWW 信息服务是按客户/服务器模式工作的。Web 服务器上运行着 WWW 服务器程序,用户计算机上运行的 Web 浏览器是客户程序

64. 平常说"上网访问网站",即访问存放在_____上或由_____生成的网页。

    A. 网关   B. 网桥   C. Web 服务器   D. 路由器

65. 下列不可用作超级链接的是_____。

    A. 一个词   B. 一个词组   C. 一种颜色   D. 一幅图像

66. 超文本之所以称为超文本,是因为它里面包含有_____。

    A. 图形   B. 声音   C. 超链接   D. 电影

67. http://home. microsoft. com/main/index. html 意义是_____。

A. 主机域名 http 、服务标志 home. microsoft. com、目录名 main、文件名 index. html

B. 服务标志 http、主机域名 home. microsoft. com、目录名 main、文件名 index. html

C. 服务标志 http、目录名 home. microsoft. com、主机域名 main、文件名 index. html

D. 目录名 http、主机域名 home. microsoft. com、服务标志 main、文件名 index. html

68. 目前,除了 Internet Explorer 网络浏览器之外,常用的浏览器还有_____。

    A. Frontpage   B. Word XP

    C. Netscape Communicator   D. KV2005

69. 近年来,Internet 在我国迅速发展,进入千家万户并为人们所接受, CHINANET 作为中国的 Internet 骨干网,向国内外所有用户提供 Internet 接入服务,其运营者是_____。

    A. 中国教育部   B. 中国网络通信协会

    C. 中国电信   D. 另外的一个科研机构

70. 设置信息安全的目的是为了保证_____。

    A. 计算机能正常持续运行

    B. 计算机硬件系统不被偷窃和破坏

    C. 信息不被泄露、篡改和破坏

    D. 计算机使用人员的安全性

71. 下面关于网络信息安全措施的叙述,错误的是_____。

    A. 通过授权管理可以有序地控制对系统中信息资源的访问

    B. 非法用户若不知道加密方法就肯定不能得到正确的明文

    C. 保证数据完整性是使数据在传送之前和到达目的地之后保持完全相同

    D. 保证数据可用性可以保护数据在任何情况下不会丢失

72. 下列安全措施中,_____用于正确辨别系统与用户的身份。

    A. 身份认证   B. 数据加密

    C. 访问控制   D. 审计管理

73. 下列安全措施中,_____用于控制不同用户对信息资源的访问权限。

    A. 防止否认   B. 数据加密

C. 访问控制　　　　　　　　　D. 数据可用性

74. 下面关于网络信息安全的叙述,正确的是_____。

    A. 网络信息安全具有相对性

    B. 经过双重加密的消息是绝对安全的

    C. 因特网防火墙保护单位内部网络绝对安全

    D. 所有黑客都是利用系统漏洞对计算机网络进行攻击与破坏

75. 在计算机网络中,_____用于验证消息发送方的真实性。

    A. 数字签名　　　　　　　　　B. 数据加密

    C. 完整性校验　　　　　　　　D. 访问控制

76. 甲通过计算机网络与乙签订了合同。随后甲反悔,不承认合同有效,为了防止这种情况发生,应在计算机网络中采用_____技术。

    A. 消息认证　　　　　　　　　B. 数据加密

    C. 防火墙　　　　　　　　　　D. 数字签名

77. 下面关于口令的叙述中,错误的是_____。

    A. 选择固定的口令比经常更换口令安全性要高

    B. 口令越长,系统被攻破的机会越小

    C. 经常更换口令可以提高安全性

    D. 容易猜测的口令很容易被密码字典所破解

78. 为确保企业局域网的信息安全,防止来自 Internet 的黑客入侵或病毒感染,采用_____可以实现一定的防范作用。

    A. 网络计费软件　　　　　　　B. 邮件列表

    C. 防火墙软件　　　　　　　　D. 防病毒软件

79. 下面关于 IP 地址与域名之间关系的叙述中,正确的是_____。

    A. Internet 中的一台主机在线时必须有一个 IP 地址

    B. 一个域名对应多个 IP 地址

    C. Internet 中的一台主机只能有一个域名

    D. IP 地址与主机域名是一一对应的

80. Internet 中主机需要实现 TCP/IP 所有的各层协议,而路由器一般只需实现_____及其以下各层的协议功能。

    A. 网络互连层　　　　　　　　B. 应用层

    C. 传输层　　　　　　　　　　D. 网络接口与硬件层

81. 路由器用于连接异构的网络,它收到一个 IP 数据报后要进行许多操作,这些操作不包含_____。

A. 域名解析   B. 路由选择

C. 帧格式转换   D. IP 数据报的转发

82. 在无线广播系统中,一部收音机可以收听多个不同的电台节目,广播系统采用的信道复用技术是_____多路复用。

A. 频分   B. 时分

C. 码分   D. 波分

83. 下列关于无线接入因特网方式的叙述中,错误的是_____。

A. 采用无线局域网接入方式,可以在任何地方接入因特网

B. 采用 4G 移动电话上网较 3G 移动电话快得多

C. 正常情况下,采用移动电话网接入,只要有手机信号的地方,就可以上网

D. 目前采用 4G 移动电话上网的费用还比较高

84. 下面关于网络信息安全的认识,正确的是_____。

A. 只要加密技术的强度足够高,就能保证数据不被非法窃取

B. 用户一般需要被授权对敏感信息资源的操作权限

C. 硬件加密的效果一定比软件加密好

D. 根据人的生理特征进行身份认证的方式在单机环境下都无效

85. 数据通信系统的数据传输速率是指单位时间内传输的二进位数据的数目,下面_____一般不用作它的计量单位。

A. kB/s   B. kb/s

C. Mb/s   D. Gb/s

86. 下列_____不属于现代通信。

A. 电报   B. 电话

C. 常规杂志   D. 传真

87. 下列_____不属于通信三要素。

A. 信源   B. 信宿

C. 信道   D. 电信

88. 移动通信是当今社会的重要通信手段,下列说法错误的是_____。

A. 第一代移动通信系统是一种蜂窝式模拟移动通信系统

B. GSM 是一种典型的第三代移动通信业务

C. 第二代移动通信系统采用数字传输、时分多址或码分多址作为主体技术

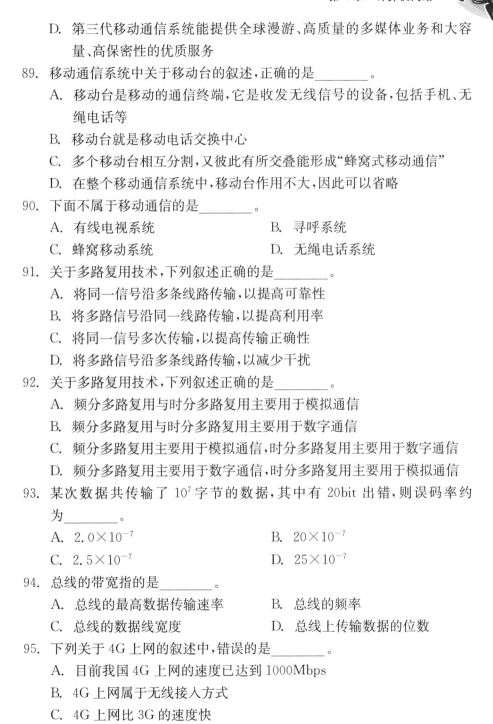

D. 第三代移动通信系统能提供全球漫游、高质量的多媒体业务和大容量、高保密性的优质服务

89. 移动通信系统中关于移动台的叙述,正确的是_____。

A. 移动台是移动的通信终端,它是收发无线信号的设备,包括手机、无绳电话等

B. 移动台就是移动电话交换中心

C. 多个移动台相互分割,又彼此有所交叠能形成"蜂窝式移动通信"

D. 在整个移动通信系统中,移动台作用不大,因此可以省略

90. 下面不属于移动通信的是_____。

A. 有线电视系统　　　　　　B. 寻呼系统

C. 蜂窝移动系统　　　　　　D. 无绳电话系统

91. 关于多路复用技术,下列叙述正确的是_____。

A. 将同一信号沿多条线路传输,以提高可靠性

B. 将多路信号沿同一线路传输,以提高利用率

C. 将同一信号多次传输,以提高传输正确性

D. 将多路信号沿多条线路传输,以减少干扰

92. 关于多路复用技术,下列叙述正确的是_____。

A. 频分多路复用与时分多路复用主要用于模拟通信

B. 频分多路复用与时分多路复用主要用于数字通信

C. 频分多路复用主要用于模拟通信,时分多路复用主要用于数字通信

D. 频分多路复用主要用于数字通信,时分多路复用主要用于模拟通信

93. 某次数据共传输了 10^7 字节的数据,其中有 20bit 出错,则误码率约为_____。

A. 2.0×10^{-7}　　　　　　B. 20×10^{-7}

C. 2.5×10^{-7}　　　　　　D. 25×10^{-7}

94. 总线的带宽指的是_____。

A. 总线的最高数据传输速率　　B. 总线的频率

C. 总线的数据线宽度　　　　　D. 总线上传输数据的位数

95. 下列关于 4G 上网的叙述中,错误的是_____。

A. 目前我国 4G 上网的速度已达到 1000Mbps

B. 4G 上网属于无线接入方式

C. 4G 上网比 3G 的速度快

D. 4G 上网的覆盖范围较 WLAN 大得多

96. 目前最广泛采用的局域网技术是_____。

    A. 以太网   B. 令牌环

    C. ATM 网   D. FDDI

97. 下面关于网络信息安全措施的叙述中,正确的是_____。

    A. 带有数字签名的信息是未泄密的

    B. 防火墙可以防止外界接触到内部网络,从而保证内部网络的绝对安全

    C. 数据加密的目的是在网络通信被窃听的情况下仍然保证数据的安全

    D. 使用最好的杀毒软件可以杀掉所有的病毒

98. 下列有关网络两种工作模式(客户/服务器模式和对等模式)的叙述中,错误的是_____。

    A. 近年来盛行的"BT"下载服务采用的是对等工作模式

    B. 基于客户/服务器模式的网络会因客户机的请求过多、服务器负担过重而导致整体性能下降

    C. Windows 操作系统中的"网上邻居"是按客户/服务器模式工作的

    D. 对等网络中的每台计算机既可以作为客户机也可以作为服务器

99. 为了能正确地将 IP 数据报传输到目的地计算机,数据报头部中必须包含_____。

    A. 数据文件的地址

    B. 发送数据报的计算机 IP 地址和目的地计算机的 IP 地址

    C. 发送数据报的计算机 MAC 地址和目的地计算机的 MAC 地址

    D. 下一个路由器的地址

100. 以下关于 TCP/IP 协议的叙述中,正确的是_____。

    A. TCP/IP 协议只包含传输控制协议和网络互连协议

    B. TCP/IP 协议是最早的网络体系结构国际标准

    C. TCP/IP 协议广泛用于异构网络的互连

    D. TCP/IP 协议将网络划分为 7 个层次

101. 网上在线视频播放,采用_____技术可以减轻视频服务器负担。

    A. 边下载边播放的流媒体   B. P2P 技术实现多点下载

    C. 提高本地网络带宽   D. 优化本地操作系统设置

102. 以下关于 IP 地址的叙述中,错误的是_____。

    A. 正在上网(online)的每一台计算机都有一个 IP 地址

B. 现在广泛使用的 IPv4 协议规定 IP 地址使用 32 个二进位表示

C. IPv4 规定的 IP 地址快要用完了,取而代之的将是 64 位的 IPv5

D. IP 地址是计算机的逻辑地址,每台计算机还有各自的物理地址

103. 下列关于通信技术的叙述中,错误的是_____。

A. 调制与解调技术主要用于模拟通信,在数字通信中不需要使用调制与解调技术

B. 使用多路复用技术的主要目的是提高传输线路利用率,降低通信成本

C. 在数据通信中采用分组交换技术,可以动态分配信道资源,提高传输效率

D. 数据通信网络大多采用分组交换技术,但不同类型网络的数据包格式通常不同

二、是非题

1. 计算机网络是在通信协议控制下实现的计算机互联。 （　　）

2. 按照网络的拓扑结构,可以把网络分为局域网、城域网和广域网。（　　）

3. 网络中一台微机既可以作为服务器,也可以作为客户机,取决于它是提供共享资源,还是使用其他计算机的资源。 （　　）

4. 用双绞线将若干台计算机连接起来,就组成了一个计算机局域网。
（　　）

5. 在局域网中工作站本身所具有的硬盘、光盘、程序、数据、打印机等都是该用户的本地资源,网络上其他工作站和服务器的资源称为网络资源。
（　　）

6. 在同一个局域网中,只能使用一种传输介质,如使用双绞线就不能使用同轴电缆。 （　　）

7. 应用服务器是用来存放共享应用软件的,工作站调用应用软件时,首先将其传输到本地工作站,然后在本地执行。 （　　）

8. 网络上的节点就是通过网卡接入网络的一台计算机。 （　　）

9. 共享式以太网采用总线结构,所有节点通过以太网卡连接到传输介质上,并采用广播方式进行数据传输。 （　　）

10. 在局域网中同一物理网段上,不允许出现两块相同 MAC 地址的网卡。
（　　）

11. 构建无线局域网时,必须使用无线网卡才能将计算机接入网络。　　(　　)

12. 蓝牙(IEEE 802.15)是一种近距离无线数字通信的技术标准,通过增加发射功率数据传输距离可达到 100 m,适合于办公室或家庭环境的无线网络。　　　　　　　　　　　　　　　　　　　　　　　　　　　(　　)

13. 在校园网中,可对网络进行设置,使得校外某一 IP 地址不能直接访问校内网站。　　　　　　　　　　　　　　　　　　　　　　　　　　　(　　)

14. 家庭用户拨号上网,PC 机没有固定 IP 地址,因此,主机接入 Internet 时,可以不需要 IP 地址。　　　　　　　　　　　　　　　　　　　　(　　)

15. 家用电脑只需申请一个 Internet 用户账号,便可直接连到电话线上,接入 Internet 服务中心。　　　　　　　　　　　　　　　　　　　　　(　　)

16. 在广域网中,连接在网络中的主机发生故障不会影响整个网络通信,但若一台节点交换机发生故障,那么整个网络将陷入瘫痪。　　　　　　　(　　)

17. Internet 网中计算机的 IP 地址就是它的主机名。　　　　　　　　(　　)

18. 在 IP 地址中,不同类型地址的网络号的二进制位数都相等。　　　(　　)

19. 每一台接入 Internet(正在上网)的主机都需要有一个 IP 地址。　(　　)

20. 在 Internet 上发送电子邮件时,收件人必须开着计算机,否则,电子邮件会丢失。　　　　　　　　　　　　　　　　　　　　　　　　　　(　　)

21. E-mail 只能传送文本、图形和图像信息,不能传送音乐信息。　　(　　)

22. 网易 163 电子邮箱中的电子邮件保存在网易的邮件服务器中,用户可使用计算机经因特网收发电子邮件。　　　　　　　　　　　　　　　　(　　)

23. FTP 服务器允许用户匿名访问,其登录账号为 guest,口令为用户自己的电子邮件地址。　　　　　　　　　　　　　　　　　　　　　　　(　　)

24. 利用 Internet 网可以使用远程的超级计算中心的计算机资源。　　(　　)

25. Internet 提供了电子购物服务,因此网络能传递物品。　　　　　(　　)

26. 网络信息安全主要是指信息在处理和传输中的泄密问题。　　　　(　　)

27. 存储在硬盘上的信息是安全的。　　　　　　　　　　　　　　　(　　)

28. 从理论上说,所有的密码都可以用穷举法破解,因此,使用高强度的加密技术是毫无用处的。　　　　　　　　　　　　　　　　　　　　　　(　　)

29. 所有加密技术都是改变了信息的排列方式,因此,对密文进行分解、组合就可以得到明文了。　　　　　　　　　　　　　　　　　　　　　　(　　)

30. 在网络环境中,一般采用高强度的指纹技术对身份认证使用的信息进行加密。　　　　　　　　　　　　　　　　　　　　　　　　　　　　(　　)

31. 由其只读性可知,CD-ROM 光盘上的程序是安全无毒的。 （　　）

32. 在密码学中,所有的密钥对所有用户都是公开的。 （　　）

33. 在网络信息安全的措施中,身份鉴别是访问控制的基础。 （　　）

34. 根据人的指纹来进行身份认证是完全安全可靠的。 （　　）

35. 在计算机上配置完备的防火墙软件能确保数据安全。 （　　）

36. 因特网防火墙是网络间的一种硬件设备。 （　　）

37. 将计算机中数据预先异地备份,有助于灾难后及时恢复。 （　　）

38. 全面的网络信息安全方案不仅要覆盖到数据流在网络系统传输的各个环节,而且要考虑管理措施、传输介质和操作系统的安全性等。 （　　）

39. 在网络环境下,数据安全是一个重要的问题,所谓数据安全就是指数据不能被外界访问。 （　　）

40. 现代通信指的是使用电波或光波传递信息的技术。 （　　）

41. 光纤通信利用光纤传导电信号来进行通信。 （　　）

42. 光纤是绝缘体,不受外部电磁波的干扰。 （　　）

43. 微波可以按任意曲线传播。 （　　）

44. 卫星通信是微波接力通信向太空的延伸。 （　　）

45. 信源、信宿、信道被称为通信三要素。 （　　）

46. 数字通信比模拟通信抗干扰能力强。 （　　）

47. 波分复用的实质是光域上的频分复用技术。 （　　）

48. 电话系统的通信线路是用来传输语音信号的,因此它不能用来传输数据。 （　　）

49. 载波的概念仅限于有线通信,无线通信不使用载波。 （　　）

50. 与有线通信相比,地面微波接力通信更适合在开阔空间的环境下,例如,沼泽、江河等特殊地理环境。在遭遇地震、洪水、战争等灾祸时,微波通信的建立及转移都较容易,具有更大的灵活性。 （　　）

51. 微波通信是利用光信号进行通信的。 （　　）

52. 数字通信系统的带宽就是指数据的实际传输速率。 （　　）

53. 分组交换机是一种带有多个端口的专用通信设备,每个端口都有一个缓冲区用来保存等待发送的数据包(分组)。 （　　）

54. 目前,广泛使用百度等搜索引擎大多数是基于全文检索原理工作的。 （　　）

55. 每个网站都有一个主页(起始页),它通常用来表达该网站的主要内容,并

提供可到达网站各个栏目的导航功能。　　　　　　　　　　（　　）

三、填空题

1. 计算机网络是_____与_____相结合的产物。

2. 局域网的网络拓扑结构可以分成_____、_____和星形网等。

3. PC 机组成的局域网有两种常用的工作模式：_____和客户/服务器模式。

4. 网络服务器根据提供的服务一般可以分为文件服务器、_____和打印服务器。

5. 局域网按传输介质所使用的访问控制方式,可以分为以太网、标记环网、_____和交换式局域网等。

6. 以太网在传送数据时,将数据分成若干帧,每个节点每次可传送_____个帧。

7. 网卡物理地址 MAC 的长度为_____字节。

8. 实现两个同类型网络在物理层互连的设备是_____。

9. 实现两个同类型网络在数据链路层互连的设备是_____。

10. 异步转移模式（ATM）数据包长度为_____字节。

11. 一个 C 类 IP 地址用于主机数量不超过_____台的小网络。

12. IP 地址由_____组_____进制数组成,中间用_____分隔。

13. 路由器可实现局域网与局域网、局域网与广域网、_____的互连。

14. _____年_____月,我国已正式加入 Internet,域名缩写为_____。

15. 假如您的计算机已连接 Internet,用户名为 abcd,连接的服务器主机名为 163. com,则您的 E-mail 地址为_____。

16. 在计算机网络中,ISP 的中文意思是_____。

17. Internet 网络中,FTP 用于实现_____功能。

18. 网络用户经过授权后,可以访问其他计算机硬盘中的数据和程序,网络提供的这种服务称为_____服务。

19. WWW 译作_____,它使用_____信息组织和管理技术。

20. 在密码学中,将未加密的消息称作_____,将加密过的消息称作_____。

21. 在描述数据传输速率时,常用的单位 kb/s 是 b/s 的_____倍。

22. 有线载波通信利用_____分割原理,实现在有线信号上的多路_____。

23. 光纤通信系统中,发送端进行信号的_____转换,接收端进行信号的_____转换。

24. 全光网指在光信息传输过程中,不需要经过_____转换。

25. 若在赤道上空等距离配置_____颗同步卫星,即可覆盖全世界的通信网。

26. 第一代移动通信采用的是模拟技术,第二代采用的是_____技术。

27. 在传输 100 万个二进制位时,错误接收了 6 个二进制位,它的误码率为_____。

28. 通信系统按传输媒介可分为有线通信和_____。

29. 通信系统按传送类型可分为模拟通信和_____。

30. 搜索引擎现在是 Web 最热门的应用之一,它能帮助人们在 WWW 中查找信息,目前国际上广泛使用的可以支持多国语言的搜索引擎是_____。

31. 百度和 Google 等搜索引擎不仅可以检索网页,而且可以检索_____、音乐和地图等。

32. 使用 IE 浏览器启动 FTP 客户程序时,用户需在地址栏中输入:_____：//〔用户名：口令@〕FTP 服务器域名〔：端口号〕

33. 在无线数字通信的技术标准中,传输距离在 10 m 之内、适合于办公室和家庭环境的低速无线网络通信技术称为_____。

34. 目前广泛使用的交换式以太网,采用的是_____型拓扑结构。

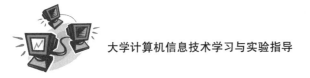

第5章 数字媒体技术

5.1 文本及其处理

【本节要点】

1. 文本在计算机中的处理过程包括文本准备、文本编辑、文本处理、文本存储与传输、文本展现等。

2. 输入字符的方法有两类：人工输入和自动识别输入。人工输入有：键盘输入、笔输入、语音输入。自动识别输入有：印刷体扫描输入和手写体扫描输入。

3. 根据有无编排格式，文本可分为简单文本和丰富格式文本；根据组织方式，文本可分为线性文本和超文本。丰富格式文本中增加了许多格式控制和结构说明信息；超文本用网状结构来组织信息。

4. 文本的内容输入计算机后，必须对文本进行必要的编辑和处理。这包括：编辑、排版、文字信息的分析、文本检索等。常用的文本处理软件包括面向通信、面向办公、面向出版、面向网络信息发布等方面的软件。

5. 数字电子文本的展现方式：打印输出、在屏幕上阅读和浏览。

【例题分析】

1. 超文本采用_____结构来组织信息。

    A. 关系   B. 层次

    C. 网状   D. 树形

分析：传统的纸质文本其内容是线性（顺序）的，读者阅读文本是从前到后按顺序阅读。一个超文本由若干个文本块组成，各文本块之间有相对独立性。各文本通过指针（即链接）相互连接。这些链接的通路形成一张网。读者阅读文本可以在它的网状结构中，沿着自己选择的有向网路进行阅读。每个人阅读的顺序可以不一样，同一个人在不同的时间，可以按不同的顺序进行阅读。超文本的链接是从一个链源到一个链宿。链源是文本中的文字、图片等，链宿是另一个文件，或是同

一文件的另一地方。

答案：C

2. 下面有关超文本的叙述中,正确的是_____。

 A. 超文本节点中的数据不仅可以是文字,也可以是图形、图像和声音

 B. 超文本节点之间的关系是线性的、有顺序的

 C. 超文本的节点不能分布在不同的 Web 服务器中

 D. 超文本既可以是丰富格式文本,也可以是纯文本

分析：超文本是含有多个信息源链接的文档,是包含文字、图形、图像和声音等多媒体信息的,当然其链接点也可以是文字、图形、图像和声音。超文本是非线性的,其信息源链接的文档可以分布在任何一个接在因特网上的超文本系统中。

答案：A

3. 下列汉字输入方法中,输入速度最快的是_____。

 A. 语音输入

 B. 键盘输入

 C. 把印刷体汉字使用扫描仪输入,并通过软件转换为机内码形式

 D. 联机手写输入

分析：语音输入与语速、语音的标准、语音的识别有关;键盘输入与人工击打和编码方式有关;把印刷体汉字使用扫描仪输入,并通过软件转换为机内码形式则和识别软件及印刷体文件的质量有关;联机手写输入则与手写识别、手写速度有关。由此可见人工干预最少的是 C,因此,输入速度最快的是 C。

答案：C

4. Adobe Acrobat 软件可以将文字、字型、排版格式、声音和图像等信息封装在一个文件中,既适合网络传输,也适合电子出版,其文件格式是_____。

分析：不同的文本处理软件生成的文本格式不同,Word 软件是 DOCX、Adobe Acrobat 是 PDF、金山文字处理软件是 WPS 等。

答案：PDF

5. 用 Word 字处理软件不能得到 htm 文档。

分析：Word 字处理软件文件保存时可以选择多种保存格式,其中包括网页方式,即 htm 文档。

答案：错误

5.2　图像与图形处理

【本节要点】

1. 计算机数字图像分为取样图像和合成图像(计算机图形)。取样图像由点阵组成,一般简称为图像;合成图像由几何图形(线段、圆、矩形等)组成,一般简称为图形。

2. 图像获取的过程:采样、分色、量化。

数字图像的获取设备:扫描仪、数码相机等。

3. 取样图像的基本单位是像素。彩色图像的像素通常由 3 个彩色分量组成,灰度图像的像素只有一种亮度分量。

4. 一幅未压缩图像的描述信息:图像的分辨率、颜色模型和像素深度。

● 图像的分辨率反映图像的大小,用水平分辨率×垂直分辨率表示。

● 颜色模型是指所使用的颜色描述方法。如,显示器:RGB;彩色打印机:CMYK;图像编辑软件:HSB;彩色电视信号:YUV。

● 像素深度是指所有颜色分量的二进位数之和,决定不同颜色(亮度)的最大数目。

5. 一幅未压缩图像的数据量＝图像水平分辨率×图像垂直分辨率×像素深度/8。为了节省图像的存储量,图像数据的压缩是非常重要的。由于图像中数据的相关性很强,数据压缩是完全可能的。即使由于压缩产生图像失真,人眼一般无法察觉。数据压缩分为有损压缩和无损压缩,有损压缩可获得较高的压缩比。

6. 数字图像处理包括:去噪、增强、复原、压缩、存储、检索等。

7. 图像处理的软件中,最有名的是 PhotoShop,它集图像扫描、编辑、绘图、图像合成、图像输出于一体。

8. 数字图像处理在通信、遥感、电视、出版、广告、工业生产、医疗诊断、电子商务等领域得到了广泛的应用。

9. 计算机合成图像的过程包括:景物的描述(建模)和根据景物模型绘制图形。

10. 计算机合成图像的应用包括:CAD/CAM、地图绘制、天气图绘制等。

11. 绘图软件有 AutoCAD 等。

【**例题分析**】

1. 下列图像格式最适合于网页中的动画播放的是_____。
   A. BMP　　　　　B. TIF　　　　　C. GIF　　　　　D. JPEG

   分析：BMP 是 Windows 下使用的一种标准图像文件格式,文件较大。TIF 主要用于扫描仪和桌面出版。JPEG 是一种静止图像数据压缩编码的国际标准,在计算机中使用普遍。GIF 因为颜色数目少,文件小,适合于因特网传输。同时,它可以将多个图像保存在一个文件中,形成动画效果。

   答案：C

2. 一幅图像的水平分辨率为 640,垂直分辨率为 480,R、G、B 三个分量的像素位数都为 8,它未经压缩时的数据量约为_____。
   A. 300 KB　　　　B. 600 KB　　　　C. 900 KB　　　　D. 1 200 KB

   分析：图像数据量的计算公式为:水平分辨率×垂直分辨率×像素深度/8
   本图的数据量＝640×480×(8＋8＋8)/8,约为 900 KB。

   答案：C

3. 黑白图像的像素只有一个亮度分量。

   分析：彩色图像由多个彩色分量组成,每个彩色分量都有亮度值;黑白图像的像素只有深浅之分,即只有一个亮度分量。

   答案：正确

4. 图像的压缩比越高,图像质量就越好。

   分析：图像的质量主要指图像反映实际景物的真实程度,图像经过压缩,一般来说,都会与实际景物有一定的差异。而且,压缩比越高,与实际景物的差异就越大。因此,其质量就越差。

   答案：错误

5. 图像获取的过程大体分为_____、_____和_____三个步骤。

   分析：图像获取的第 1 步是对实际景物的扫描,将实际景物分成 M×N 的网格,每个网格就是扫描的一个取样点,测量每个取样点每个分量的亮度值。第 2 步是分色,将每个取样点的颜色分为三个基色。第 3 步是量化,对取样值进行模数转换,用数字量来表示每个亮度值的大小。

   答案：采样,分色,量化

6. 在计算机中,图像与图形是同一个概念。

   分析：在计算机中,图像与图形的显示与打印,看起来似乎都是由一个个点组成的,实际上,在内存中,它们所存储的内容是不一样的。图像在内存中以点阵形式存放,而图形在内存中要保存几何图形的各种要素。例如,一个圆,要保存它的圆心位置和半径大小以及其他修饰数据等。因此,图像与图形是不同的概念。

答案: 错误

5.3 数字音频处理技术

【本节要点】

1. 声音信号数字化过程:取样、量化、编码。

2. 人的声带振动频率范围为:$300\sim3400$ Hz。人耳可以听到的声音频率范围为:$20\sim20$ kHz。按照取样定理:取样频率不应低于声音信号最高频率的两倍。因此,语音信号的取样频率为 8 kHz,音乐信号的取样频率应在 40 kHz 以上。

3. 声音的获取设备:麦克风和声卡。声卡的功能:波形声音的获取与数字化、声音的重建与播放、MIDI 声音的输入、MIDI 声音的合成与播放。

4. 计算机输出声音的过程:将声音从数字形式转换成模拟信号形式;将模拟声音信号经过处理和放大送到扬声器发出声音。

5. 数字化的波形声音是一种使用二进制表示的按时间先后组织的串行比特流,它按照一定的标准或规范进行编码。

$$波形声音的码率 = 取样频率 \times 量化位数 \times 声道数。$$

6. 声音流媒体是指:达到用户可以边下载边收听的效果,要求数据量小,数据组织适合于流式传输。例如:音(视)频广播、音(视)频点播等。

7. 波形声音的编辑:声音的剪辑、音量的调节、消除噪音、效果处理、格式转换等。

8. 计算机语音合成:根据语言学和自然语言理解的知识,使计算机模拟人的发声,自动生成语音的过程。

9. 计算机音乐合成:计算机自动演奏乐曲。

乐器:声卡;乐谱:MIDI 标准音乐描述语言;乐曲:一个 MIDI 文件,后缀为. MID或. MIDI;演奏员:媒体播放器,如,Windows Media Player。

【例题分析】

1. 按照取样定理,取样频率不应低于声音信号最高频率的_____倍。

A. 2   B. 3   C. 4   D. 5

分析：为了不产生失真,取样频率不应低于声音信号最高频率的两倍。语音信号的取样频率一般为 8 kHz,音乐信号的取样频率一般为 40 kHz 以上。

答案：A

2. 波形声音的码率主要与下列除_____以外的三个因素有关。

A. 取样频率   B. 量化位数   C. 声道数   D. 取样温度

分析：波形声音的码率是指每秒钟的数据量,数字声音未压缩前,码率的计算公式为：

波形声音的码率＝取样频率×量化位数×声道数,与取样温度关系不大。

答案：D

3. 流媒体能做到按声音的播放速度,从因特网上连续接收数据。

分析：流媒体在数字声音方面主要用于网上的在线音频广播、实时音频点播(边下载边收听),它主要要求数字声音压缩后数据量要小,声音数据的组织适合于流式传输,它确实能做到按声音的播放速度,从因特网上连续接收数据。

答案：正确

4. 人类的语音称为全频带声音。

分析：人耳可听到的声音称为全频带声音,人类发音器官能发出的声音称为语音。一般来说,人耳可听到的声音要比语音的频率范围大得多。对于正常的人,人耳可听到的音频信号的频率范围为 20 Hz 到 20 kHz。人类发音器官能发出的声音的频率范围为 300 Hz 到 3 400 Hz。这是由人体器官的特性决定的。

答案：错误

5. 对于同一首乐曲,用 MIDI 描述比用波形声音表示数据量要大。

分析：MIDI 音乐与高保真的波形声音相比,虽然音质方面还有些差距,也无法合成所有各种不同的声音,但它的数据量很小(比 MO3 小 2 个数量级),又易于编辑,因此,在多媒体文档中得到了广泛的应用。

答案：错误

5.4 数字视频处理技术

【本节要点】

1. 视频:内容随时间变化的一个图像序列。常见的视频有电视和计算机动画。电视能传输和再现现实世界的图像和声音;计算机动画是计算机制作的图像序列,是一种计算机合成的视频。

2. 我国采用 PAL 制式的彩色电视信号,帧频为 25 帧/s,每帧分为 2 场,其中奇数场扫描奇数行,偶数场扫描偶数行。PAL 制式的彩色电视信号使用亮度信号 Y 和两个色度信号 U、V 来表示。

3. 与模拟视频相比,数字视频的优点:在复制和传输时不会造成质量下降;容易编辑修改;有利于传输;可节省频率资源。

4. 视频卡:将输入的模拟视频信号转换为数字信号,然后存储在硬盘中。

视频获取设备:数字摄像头和数字摄像机等。

5. 数字视频的数据量非常大,必须进行压缩。由于视频画面内部有很强的信息相关性,以及相邻画面的连贯性,再加上人眼的视觉特性,视频数据可大量压缩。视频压缩的国际标准有多种:MPEG-1 用于 VCD;MPEG-2 用于 DVD 和 HDTV;MPEG-4 用于交互式电视等。

6. 数字电视的编辑处理,是将电视节目素材存入计算机磁盘中,根据需要对素材进行剪辑,再配上字幕、特技和动画,并配音和配乐,制成高质量的电视节目。

7. 计算机动画是用计算机制作可供实时演播的一系列连续画面的一种技术。计算机动画的基础是计算机图形学,它的制作过程是先在计算机中生成场景和形体的模型,然后描述它们的运动,最后再生成图像并转换成视频信号输出。动画制作软件有 3D Studio Max 和 Flash 等。

8. 数字视频已得到广泛的应用:如家用的 CD、VCD、DVD;可视电话;视频会议;数字电视;视频点播等。

【例题分析】

1. 主要针对数字电视的应用要求,制定了_____压缩编码标准。

A. MPEG-1　　　B. MPEG-2　　　C. MPEG-3　　　D. MPEG-4

分析:由于数字视频的数据量大得惊人,无论是存储、传输还是处理都有很大的负担。解决这个问题的出路就是对数字视频信息进行压缩。目前已制定了多个视频信息进行压缩的标准,其中 MPEG-2 主要针对数字电视的应用要求。

答案:B

2. 使用 Macromedia 公司的 Flash 软件制作的动画与 GIF 动画完全一样。

分析:Flash 制作的动画(文件后缀为. swf)与 GIF 不同,它是矢量图形,不管怎样放大缩小,它都清晰可见。其文件很小,便于在因特网上传输,而且它还采用

流媒体技术,用户能一边下载一边播放动画。

答案:错误

3. 数字视频的数据量大得惊人,解决这个问题的出路就是对数字视频信息进行_____。

分析:数字视频的数据量确实大得惊人,一分钟的数字视频的数据量可达1 G字节。如果不经压缩,用一张普通的光盘无法存储一部 2 h 的电影数据。当经过数据压缩后,特别是使用 DVD 或更先进的压缩技术,数字视频的数据存储要方便得多。

答案:数据压缩

4. 视频点播分为 TVOD、NVOD 和_____。

分析:视频点播英文缩写为 VOD。它分为 TVOD、NVOD 和 IVOD。

TVOD(Ture Video-On-Demand,真视频点播)。支持即点即放,即当用户提出视频点播要求时,视频服务器会立即传送用户所需的视频内容。在视频流播放过程中,用户不可以对视频播放流进行控制,如暂停、倒回、快进等,视频流连续不断地播放,直至播放结束。一个用户独占一个传输通道,每个视频流专为一个用户服务。

NVOD(Near Video-On-Demand,准视频点播)。多个视频流依次间隔一定的时间启动,发送同样的内容。例如,有 12 个同样内容的 2 小时视频流,服务器每隔 10 分钟启动一个视频流播放,用户点播该视频节目时,选择时间最近的那个视频流收看。NVOD 使用的是"广播式"网络通道,一个视频流可以为许多用户共享。

IVOD(Interactive Video-On-Demand,交互式视频点播)。支持即点即放,在视频流播放过程中,用户可以对视频播放流进行交互式控制,如播放、暂停、倒回、快进和自动搜索等。

答案:IVOD

【习题练习】

一、选择题

1. 以下关于文本的叙述中,错误的是_____。

　　A. 文本是以文字及符号为主的一种数字媒体

　　B. 简单文本几乎不包含任何格式信息和结构信息

　　C. Word 格式文档与 PDF 格式文档兼容

　　D. 超文本采用网状结构来组织信息

2. 一个 PDF 格式文档可以用_____软件阅读。

    A. 记事本   B. Word

    C. Adobe Reader   D. 写字板

3. 下列关于计算机合成图像(计算机图形)的应用中,错误的是_____。

    A. 可以用来设计电路图

    B. 可以用来生成天气图

    C. 可以制作计算机动画

    D. 计算机只能生成实际存在的具体景物的图像,不能生成虚拟景物的图像

4. 声卡的主要功能是支持_____。

    A. 图形、图像的输入、输出

    B. 视频信息的输入、输出

    C. 波形声音及 MIDI 音乐的输入、输出

    D. 文本及其读音的输入、输出

5. 汉字输入编码大体分为四类,五笔字型属于_____类型。

    A. 数字编码   B. 字形编码   C. 字音编码   D. 形音编码

6. 要通过口述方式向计算机输入汉字,必须配备的辅助设备是_____。

    A. 声卡、麦克风   B. 麦克风、扫描仪

    C. 扫描仪、声卡   D. 扫描仪、手写笔

7. 将字符信息输入计算机的方法中,目前使用最普遍的是_____。

    A. 键盘输入   B. 笔输入

    C. 语音输入   D. 印刷体识别输入

8. 在 Windows 系统中,纯文本文件的后缀名为_____。

    A. .doc   B. .txt   C. .dbf   D. .rtf

9. 为了使各种丰富格式文本互相交换使用,可以借助于_____格式。

    A. DOC   B. TXT   C. DBF   D. RTF

10. 一个 80 万像素的数码相机,它可拍摄相片的分辨率最高为_____。

    A. 1 280×1 024   B. 800×600

    C. 1 024×768   D. 1 600×1 200

11. 使用计算机生成假想景物的图像,其主要步骤是_____。

    A. 扫描、取样   B. 建模、取样

    C. 取样、A/D 转换   D. 建模、绘制

12. 对图像进行处理的目的不包括_____。

    A. 图像分析   B. 图像复原和重建

    C. 提高图像的视感质量   D. 获取原始图像

13. 目前使用的光盘存储器中,可以对写入信息进行改写的是_____。

    A. CD-RW   B. CD-R   C. CD-ROM   D. DVD-ROM

14. 在下列各项中,声卡上没有_____。

    A. 总线接口   B. 数字音频处理芯片

    C. 扬声器   D. 混音器

15. 下列汉字输入方法中,属于自动识别输入的是_____。

    A. 把印刷体汉字使用扫描仪输入,并通过软件转换为机内码形式

    B. 键盘输入

    C. 语音输入

    D. 联机手写输入

16. 计算机主机与显示器的接口是_____。

    A. 网卡   B. 音频卡   C. 显示卡   D. 视频压缩卡

17. 声音信号模数转换的顺序为_____。

    A. 采样、编码、量化   B. 量化、编码、采样

    C. 编码、采样、量化   D. 采样、量化、编码

18. 下列图像文件格式中,_____是微软公司提出,在 Windows 平台上使用的一种通用图像文件格式,几乎所有的 Windows 应用软件都能支持。

    A. GIF   B. BMP   C. JPG   D. TIF

19. 数字音频文件数据量最小的是_____文件格式。

    A. mid   B. MP3   C. mav   D. wma

20. 具有杜比环绕音的声卡通道数是_____。

    A. 1.0   B. 2.0   C. 2.1   D. 5.1

21. 在 RGB 色彩模式中,R=G=B=0 的颜色是_____。

    A. 白色   B. 黑色   C. 红色   D. 蓝色

22. 在以下四种光盘中,目前普遍使用、价格又最低的是_____。

    A. DVD-R   B. CD-R   C. CD-RW   D. DVD-RW

23. JPEG2000 与 JPEG 相比,优势在于它采用了_____。

    A. 余弦变换   B. 小波变换   C. 算术编码   D. 霍夫曼编码

24. PhotoShop 处理的是点阵图像,因此它的基本组成单元是_____。

A. 像素   B. 通道   C. 路径   D. 色彩空间

25. 我国目前彩色电视采用的制式为_____。

     A. NTSC   B. PAL   C. SECAM   D. HDTV

26. 在数字摄像头中,_____像素相当于成像后的 640×480 分辨率。

     A. 10 万   B. 30 万   C. 80 万   D. 100 万

27. 声卡不具有_____的作用。

     A. 将声波转换为电信号   B. 波形声音的重建

     C. MIDI 声音的输入   D. MIDI 声音的合成

28. 下列关于图像的说法,错误的是_____。

     A. 图像的数字化过程大体分为三步:取样、分色、量化

     B. 像素是构成图像的基本单位

     C. 尺寸大的彩色图片数字化后,其数据量必定大于尺寸小的图片的数据量。

     D. 黑白图像或灰度图像只有一个位平面

29. 下列_____不能作为计算机的图像输入设备。

     A. 数码相机   B. 扫描仪   C. 绘图仪   D. 数字摄像机

30. 显示器使用 RGB 颜色模型,PAL 制式电视系统传输图像时采用_____颜色模型。

     A. YUV   B. HSV   C. CMYK   D. YIQ

31. 下列汉字输入法中,属于自动输入的是_____。

     A. 汉字 OCR(光学字符识别)输入   B. 键盘输入

     C. 语音输入   D. 联机手写输入

32. 对带宽为 $300 \sim 3\,400$ Hz 的语音,若采用频率为 8 kHz,量化位数为 8 位,单声道,则其未压缩时的码率为_____。

     A. 64 kb/s   B. 64 kB/s   C. 128 kb/s   D. 128 kB/s

33. 下面关于图像的叙述中错误的是_____。

     A. 图像的压缩方法很多,但是一台计算机只能选用一种

     B. 图像的扫描过程指将画面分成 $m \times n$ 个网格,形成 $m \times n$ 个取样点

     C. 分色是将彩色图像取样点的颜色分解成三个基色

     D. 取样是测量每个取样点每个分量(基色)的亮度值

34. 使用 16 位二进制编码表示声音与使用 8 位二进制编码表示声音的效果不同,前者比后者_____。

A. 噪音小,保真度低,音质差　　　　B. 噪音小,保真度高,音质好

C. 噪音大,保真度低,音质好　　　　D. 噪音大,保真度低,音质差

35. 下列属于颜色空间的是_____。

  A. 分辨率　　　　　　　　　　　B. 像素深度

  C. RGB　　　　　　　　　　　　D. 图像文件格式

36. 为了保证对频谱很宽的全频道音乐信号采样时不失真,其取样频率应在_____以上。

  A. 40 kHz　　　　　　　　　　　B. 8 kHz

  C. 12 kHz　　　　　　　　　　　D. 16 kHz

37. 计算机只能处理数字声音,在数字音频信息获取过程中,下列顺序正确的是_____。

  A. 数模转换、采样、编码　　　　　B. 采样、编码、数模转换

  C. 采样、数模转换、编码　　　　　D. 数模转换、编码、采样

38. 表示 R、G、B 三个基色的二进位数目分别是 5 位、6 位、4 位,因此可以表示颜色的总数是_____种。

  A. 14　　　　　　　　　　　　　B. 256

  C. 32 768　　　　　　　　　　　D. 16 384

39. 下面关于计算机中图像表示方法的叙述中,错误的是_____。

  A. 图像大小也称为图像的分辨率

  B. 彩色图像具有多个位平面

  C. 图像的颜色描述方法(颜色模型)可以有多种

  D. 图像像素深度决定了一幅图像所包含的像素的最大数目

40. 文本编辑的目的是使文本正确、清晰、美观,下列_____操作不属于文本处理而属于文本编辑功能。

  A. 添加页眉和页脚　　　　　　　B. 统计文本中的字数

  C. 文本压缩　　　　　　　　　　D. 提取文本中的关键词

41. 若 CRT 的分辨率为 1 024×1 024,像素颜色数为 65 536 色,则显示存储器的容量至少应为_____MB。

  A. 2　　　　　B. 3　　　　　C. 4　　　　　D. 5

42. 下列文件类型中,不属于丰富格式文本的文件类型是_____。

  A. DOC 文件　　　　　　　　　　B. TXT 文件

  C. PDF 文件　　　　　　　　　　D. RTF 文件

43. 为了区别通常的取样图像,计算机合成图像也称为_____。

　　A. 点阵图像　　　B. 光栅图像　　　C. 矢量图像　　　D. 位图图像

44. MP3 音乐所采用的声音数据压缩编码的标准是_____。

　　A. MPEG-4　　　B. MPEG-1　　　C. MPEG-2　　　D. MPEG-3

45. 不同的图像文件格式往往具有不同的特性,有一种格式具有颜色数目不多、数据量不大、能实现累进显示、支持透明和动画效果、适合网上使用等特性,这种图像格式是_____。

　　A. TIF　　　　　B. GIF　　　　　C. BMP　　　　　D. JPEG

46. 存放一幅 1 024×768 像素的未经压缩的真色彩(24 位)图像,大约需_____个字节的存储空间。

　　A. 1 024×768×24　　　　　　　B. 1 024×768×3

　　C. 1 024×768×8　　　　　　　D. 1 024×768×12

47. 使用计算机进行文本编辑与文本处理是常见的两种操作,下列不属于文本处理的是_____。

　　A. 文本检索　　B. 字数统计　　C. 文字输入　　D. 文语转换

48. 未进行压缩的波形声音的码率为 64 kb/s,若已知取样频率为 8 kHz,量化位数为 8,那么它的声道数是_____。

　　A. 1　　　　　　B. 2　　　　　　C. 3　　　　　　D. 4

49. 符合国际标准且采用小波分析进行的数据压缩的一种新的图像文件格式是_____。

　　A. BMP　　　　B. GIF　　　　　C. JPEG　　　　D. JP2

50. 人具有"视觉停留"的特性,电视一般采用每秒_____幅画面的速度播放。

　　A. 5~10　　　　B. 10~20　　　C. 25~30　　　D. 50~60

51. 下列不属于音频文件格式的是_____。

　　A. mp4　　　　B. m4a　　　　　C. mp3　　　　D. WMA

52. 下列设备中,不属于虚拟现实中的交互设备的是_____。

　　A. 数据手套　　B. 智能眼镜　　C. 立体耳机　　D. 键盘

二、是非题

1. 使用 Word、FrontPage 等软件都可以制作、编辑和浏览超文本。（　　）

2. 人们说话的语音频率一般在 300~3 400 Hz 之间,因此语音信号的取样频

率大多为 8 kHz。 （ ）

3. BMP 图像是微软公司在 Windows 操作系统下使用的一种标准图像文件格式，几乎所有的 Windows 应用程序都支持 BMP 文件。 （ ）

4. CRT 彩色显示器采用 RGB 颜色模型。 （ ）

5. CD-RW 是一种可以多次读写的光盘存储器。 （ ）

6. 网上在线音频广播、实时音乐点播都是采用流媒体技术实现的。 （ ）

7. 电视是一种活动图像，它是视频信息的一种，可以输入计算机进行存储和处理。

8. PAL 制式的彩色电视机不能兼容黑白电视机。 （ ）

9. 由于数字图像的数据量很大，图像往往压缩后再存储。通常压缩比越低，重建的图像的质量就越差；压缩比越高，图像的质量就越好。 （ ）

10. 汉字输入编码就是汉字内码。 （ ）

11. 超文本是一种线性网状结构。 （ ）

12. Windows 中的"帮助"文件是一种超文本。 （ ）

13. 计算机中声卡可控制并完成声音的输入与输出，但它只能获取波形声音，不能处理 MIDI 声音。 （ ）

14. Outlook Express 可用来收发电子邮件。 （ ）

15. 在计算机中，图形和图像都可以进行编辑和修改。 （ ）

16. MPEG-4 适合于交互式和多媒体应用。 （ ）

17. TrueType 字库采用的就是点阵描述方法。 （ ）

18. 数码相机是数字图像获取设备。 （ ）

19. PhotoShop 是一种流行的图像处理工具。 （ ）

20. 视频指的是内容随时间变化的一个图像序列。 （ ）

21. CD 盘上的高保真音乐属于全频带声音。 （ ）

22. 一幅真色彩图像可以转换成质量完全相同的 GIF 格式的图像。 （ ）

23. 目前因特网上视频直播、视频点播等常采用微软公司的 AVI 文件形式。
（ ）

24. GIF 图像文件格式能够支持透明背景，具有屏幕上渐进显示的功能。
（ ）

25. MIDI 信息是乐谱的数字化描述。 （ ）

26. 颜色模型指彩色图像所使用的颜色描述方法，常用的颜色模型有 RGB（红、绿、蓝）模型、CMYK（青、品红、黄、黑）模型等，但这些颜色模型不可

以互相转换。 （　　）

27. 声音信号经过取样和量化后,还要进行编码。编码的目的是减少数据量,并按某种格式组织数据。 （　　）

28. 传统的电视/广播系统是一种典型的以信息交互为主要目的的系统。

（　　）

29. MPEG-1 编码的音像文件适合于交互式和移动多媒体应用。 （　　）

30. 数字视频的数据压缩率可以达到很高,几十甚至几百倍是很常见的。

（　　）

31. 黑白图像的像素只有一个亮度分量。 （　　）

32. 数字摄像头和数字摄像机都是在线的数字视频获取设备。 （　　）

33. 扫描仪和数码相机都是数字图像的获取设备。 （　　）

34. 用户带上数据手套后,建立了与虚拟环境的连接,用户可以在虚拟环境中对物体进行触摸、抓取、移动、装配、操纵和控制等操作。 （　　）

三、填空题

1. 声卡上的音乐合成器有两种,一种是调频合成器,另一种是_____合成器。

2. 数字摄像头与计算机的接口,一般采用_____接口或 IEEE-1394 火线接口。

3. 扫描仪可分为手持式、平板式、胶片专用和滚筒式等类型,目前办公室中使用最多的是 _____式。

4. 数字图像的获取步骤大体分为三步:采样、分色、量化,其中,量化的本质是对每个样本的分量进行_____转换。

5. 为了在因特网上支持视频直播或视频点播,目前一般都采用_____媒体技术。

6. CD 盘上用于记录数据的是_____条由里向外的螺旋道。

7. 声卡上的乐器数字接口的英文缩写是_____。

8. 波形声音的码率＝取样频率×量化位数×_____。

9. 目前数码相机使用的成像芯片主要有_____芯片和 CMOS 芯片等。

10. PAL 制式的彩色电视信号在远距离传输时,使用 Y、U、V 三个信号来表示,其中 Y 用来表示_____信号。

11. 使用 16 位二进制编码表示声音与使用 8 位二进制编码表示声音的效果

不同,前者比后者_____。

12. PC 机声卡上的音乐合成器(音源)能模仿许多乐器的发声,_____音乐必须通过它才能合成乐曲的声音。

13. 灰度图像的位平面数为 1,彩色图像有_____个或更多的位平面。

14. 某图像的分辨率为 400×300,显示屏的分辨率为 800×600,则该图像在屏幕上显示时只占了屏幕的_____。

15. 汉字输入编码分为_____编码、字音编码、字形编码和形音编码。

16. 一幅分辨率为 512×512 的彩色图像,其 R、G、B 三个分量分别用 8 个二进位表示,则未进行压缩时该图像的数据量是_____KB。

17. 汉字 OCR 指的是_____汉字识别技术。

18. 计算机制作的数字文本,大致可以分为简单文本、_____文本和超文本。

19. 简单文本又叫_____文本。

20. HTML 语言的全称为_____。

21. 媒体播放器软件播放 MIDI 音乐时,必须通过_____上的音乐合成器生成声音信号。

22. 计算机数字图像按生成方法分为两大类:图像和_____。

23. 图像获取的过程实质上是模拟信号的_____化过程。

24. 图像获取的处理步骤分为取样、分色和_____。

25. 每个取样点是组成取样图像的基本单位,称为_____。

26. 图像数据量＝水平分辨率×垂直分辨率×_____/8

27. 数据压缩分为有损压缩与_____。

28. 声音信号的数字化分为取样、量化和_____。

29. 量化的精度越高,声音的_____越好。

30. 经过数字化处理之后的数字波形声音,其主要参数有:取样频率、_____、声道数目、码率,以及采用的压缩编码方法。

31. 一架数码相机,一次可以拍 65 536 色的 1 024×1 024 的彩色相片 40 张,如不进行数据压缩,则它使用的 Flash 的存储器容量是_____MB。

32. 多媒体系统是由多媒体硬件和_____构成。

33. 将模拟声音信号转换为数字音频信号的声音数字化过程称为_____。

34. 一幅 640×480 的真色彩图像(24 位),它未压缩的原始数据量约为_____KB。

35. 数字电视接收机(简称 DTV 接收机)大体有三种形式:第 1 种是传统模拟电视机的换代产品——数字电视机,第 2 种是传统模拟电视机外加一个数字机顶盒,第 3 种是可以接收数字电视信号的_____机。

36. VCD 在我国已比较普及,其采用的音视频编码标准是_____。

37. 一台显示器中 R、G、B 分别用 3 位二进制数来表示,那么可以有_____种不同的颜色。

38. 大多数 DVD 光盘驱动器比 CD-ROM 驱动器读取的速率_____。

39. 采样频率为 22.05 kHz,量化精度为 16 位,持续时间为 2 min 的双声道声音,未压缩时,数据量是_____MB。(答案取整数)

40. 用户可以根据自己的喜好选择收看节目,即从根本上改变用户被动收看电视的技术称为_____技术。

41. DVD 采用 MPEG-2 标准的视频图像,画面品质比 VCD 明显提高,其画面的长宽比有一种是_____的普通屏幕方式,另一种是 16:9 的宽屏幕方式。

42. 超文本中的超链,其链宿有两种类型:一种是与链源所在文本不同的另一个文本,另一种是与链源所在文本内部有标记的某个地方,该标记通常称为_____。

43. 目前在计算机中描述音乐乐谱所使用的标准称为_____。

44. 将文本转换为语音输出所使用的技术是 TTS,它的中文名称是_____。

45. 扫描仪和数码相机都是计算机的一种_____输入设备。

46. 色彩位数(色彩深度)反映了扫描仪对图像色彩的辨析能力,色彩位数为 8 位的彩色扫描仪,可以反映_____种不同的颜色。

47. 数字电视机普及以后,传统的模拟电视机需要外加一个_____才能收看数字电视节目。

第6章　数据库与信息系统

6.1　数据库基础

【本节要点】

1. 数据管理技术的发展。数据管理技术是应数据处理发展的客观要求而产生的，反过来，数据管理技术的发展又促进了数据处理的广泛应用。数据处理3个发展阶段：人工管理阶段、文件管理阶段和数据库管理阶段。

2. 数据处理是指数据的分类、组织、编码、存储、查询、统计、传输等操作，向人们提供有用的信息，所以，在许多场合不加区分地把数据处理称为信息处理。

3. 数据处理中的数据可以是数值型数据，也可以是字符、文字、图表、图形、图像、声音、视频等非数值型数据。

4. "信息"和"数据"的区别：信息是事物运动的状态及状态变化的方式。数据是对事实、概念或指令的一种特殊表达形式。数字、文字、图形、声音、活动图像等数据的二进制编码表达形式就是计算机系统中所指的数据。从信息表达的角度看，数据是信息的载体，信息是数据的内涵。

5. 数据库系统（DBS），主要包括：

（1）数据库（DB）。

（2）数据库管理系统（DBMS）。

（3）应用程序。一般是指利用应用系统开发工具或高级语言开发的满足业务功能的程序。通过调用 DBMS 的数据库操作功能，为用户提供直观友好的操作界面。

（4）计算机支持系统。即数据库系统赖以运行的硬件系统和软件系统，包括计算机硬件设备、网络设备、操作系统、应用系统开发工具等。

（5）人员。包括设计、开发和维护数据库的所有人员。主要有数据库系统管理员（DBA），系统分析员、系统程序员和用户。

6. 数据库系统管理员负责对数据库的规划、设计、维护和监控等，主要工作包括数据库设计、数据库维护、改善数据库性能等。

7. 数据库是长期存储在计算机内、有组织、可共享的数据集合。除了存储用户直接使用的数据,还存储有反映结构、访问权限等信息的数据。在数据库中,数据是按一定的数据模型来组织存储的。

8. 数据库管理系统(DBMS)。是对数据库进行管理和控制的软件系统,它是数据库系统的核心。数据库系统的一切操作,包括建立数据库、对数据库进行查询、修改及数据管理都是通过 DBMS 进行的。DBMS 一般都配置有结构化查询语言(SQL)实现以上操作。Oracle、SQL Server、Visual Foxpro 和 Access 软件都是数据库管理系统。

9. 数据库管理系统基本功能:

(1) 模式更新即数据库定义功能。DBMS 提供数据定义语言(DDL)来描述和定义数据库的结构。

(2) 数据查询功能是对数据库进行查询和统计。

(3) 数据更新功能是对数据进行插入、修改和删除等。

数据查询、数据更新同属于数据库的数据存取功能(Data Manipulation Language-DML)。

(4) 数据库管理功能。DBMS 提供对数据进行管理和控制的机制,如事务处理、安全控制等。

10. 数据库信息系统的特点:

(1) 数据结构化。数据库系统中的数据是面向整个单位的全局应用,并采用一定的数据模型来进行描述和定义。不仅反映数据本身的特征,而且反映数据之间的联系。这是数据库系统与文件系统的本质区别。

(2) 数据共享性高、冗余度低。数据库是数据的集合,由多个应用数据集成,可为各个应用程序所共享。

(3) 数据独立于程序。数据独立性包括数据的逻辑独立性和数据的物理独立性,当数据结构变化时,不会影响应用程序。

(4) 统一管理和控制数据。包括数据完整性、安全性定义与检查以及并发控制、故障恢复等功能。

(5) 具有良好的用户接口。如关系型数据库提供了标准的 SQL 语言对数据库进行操作。

11. 数据库的数据访问(以关系数据库为例):

(1) 交互方式:输入一条数据库操作命令,数据库管理系统立即执行,并得到相应结果。

（2）程序执行方式：将 SQL 命令嵌入高级语言中，程序执行时，访问数据库。

12. 数据库系统的体系结构：集中式数据库系统，客户/服务器结构（Client/Server，简称 C/S），浏览器/服务器结构（Browser/Server，简称 B/S），分布式数据库系统等。

13. 计算机的数据处理方式可以分为两大类：操作型的事务处理和提供决策的分析处理。前者也称为联机事务处理（On Line Transaction Processing，OLTP），后者也称为联机分析处理（On Line Analytical Processing，OLAP）。

14. 数据仓库（Data Warehouse，DW）是一种面向决策主题，由多个数据源集成，拥有当前及历史综合数据，随时间变化而变化，以读为主的数据集合。

15. 数据仓库系统是多种技术的综合体，它由数据抽取工具、数据仓库、数据仓库管理系统（Data Warehouse Management System，DWMS）和数据仓库访问工具。

16. 数据挖掘，也称知识发现，是指采用有效算法从大量的数据中提取潜在的、有效的、新颖的、具有潜在价值的规则、规律和知识的过程。它包括关联分析、分类分析、聚类分析和异常检测等。

17. 数据挖掘在许多领域具有应有价值，如在金融业、保险业、零售业、运输业等，甚至在科学和工程研究单位也具有广阔的应用前景。

【例题分析】

1. 文件系统不可以用于计算机数据管理方面的应用。

分析：早期数据管理就是建立在文件系统基础上的，只是随着数据管理的规模越来越大，文件系统出现了数据冗余大、数据一致性差、共享困难等许多弊端，为解决这些问题，数据库系统应运而生。

答案：错误

2. 在大型数据库系统的设计和运行中，专门负责设计、管理和维护数据库的人员或机构称为_____。

分析：略。

答案：DBA/数据库管理员

3. 在数据库系统中，用户通过_____访问数据库中的数据，数据库管理员也通过它进行数据库的维护工作。

    A. DBMS   B. DBA   C. OS   D. BIOS

分析：在数据库系统中，所有对数据的访问都是通过数据库管理系统 DBMS 进行的。

答案：A

4. 数据库(DB)、数据库系统(DBS)和数据库管理系统(DBMS)三者之间的关系是_____。

    A. DBS 包括 DB 和 DBMS   B. DBMS 包括 DB 和 DBS

    C. DB 包括 DBS 和 DBMS   D. DBS 就是 DB，也就是 DBMS

分析：数据库系统由数据库、数据库管理系统、应用程序等组成。

答案：A

5. 在信息系统的 C/S 模式数据库访问方式中，在客户机和数据库服务器之间的网络上传输的内容是_____。

    A. SQL 查询命令和所操作的二维表

    B. SQL 查询命令和所有二维表

    C. SQL 查询命令和查询结果表

    D. 应用程序和所操作的二维表

分析：在 C/S 模式数据库访问方式中，客户机接收并处理任务，将需要对数据库操作的 SQL 查询命令通过网络传递给数据库服务器；数据库服务器响应客户机的请求后，执行 SQL 查询命令，完成对数据库的操作，并将查询的结果通过网络反馈给客户机。

答案：C

6.2 关系数据库

【**本节要点**】

1. 数据模型的基本概念：数据模型是数据库系统中用于数据表示和操作的一组概念和定义。常用的数据模型有层次模型、网状模型、关系模型和面向对象模型等。各种数据库产品都是基于特定数据模型。现在流行的数据库管理系统 ORACLE、DB2、Microsoft SQL Server、Access 和 Visual FoxPro 都是关系型数据库。

2. 关系数据模型的有关概念。

(1) 用二维表结构表示实体集以及实体集之间联系的数据模型称关系数据模型。

（2）关系数据模型的基本结构是关系。

（3）关系的逻辑结构是一张二维表，包括结构和实例。

（4）关系数据模式是关系的结构描述。如关系模式：

学生基本情况（＊学号，姓名，性别，出生日期，院系，专业，备注）

可抽象为：$R(A_1, A_2, \cdots, A_i, \cdots, A_n)$，其中 R 为关系模式名，$A_i(1{\leqslant}i{\leqslant}n)$ 是属性名。

（5）关系中行（元组）、列（属性）分别对应于概念模型中的实体、属性。

（6）关系中能唯一区分二维表中不同元组（行）的属性或属性组（最小子集）称为主键。

3．关系数据模型的特点。

（1）关系数据模型建立在严格的数学理论基础上。

（2）关系数据模型的概念单一，实体集及其联系均用关系表示，关系操作的结果也是关系。

（3）关系数据模型的存取路径对用户透明，便于对数据库操作。

（4）关系中不允许出现相同的元组，关系中属性的顺序可以任意交换。

（5）关系中每个属性都应是原子数据（最小数据存取单位），并对应一个值域。如属性"性别"的值域为"男"或"女"。

4．关系的三种联系：一对一，一对多和多对多联系。

5．数据库设计的基本任务是根据一个单位的信息需求、处理需求和具体数据库管理系统及软硬件环境，设计出数据模式以及应用程序。

6．数据库设计一般步骤：需求分析、概念设计、逻辑设计和物理设计。现实世界客观对象抽象为计算机世界数据模型的过程：

$$\boxed{客观对象} \longrightarrow \boxed{概念模型} \longrightarrow \boxed{数据模型}$$

概念模型作为中间层次，一方面，可以按用户观点准确地模拟应用单位对数据的描述及业务需求；另一方面，便于转换为特定数据库的数据模型。

7．E-R 模型：将现实世界的要求转化成实体、联系、属性等几个概论，用图直观地表现出来，是一种常用的概念模型描述工具。

（1）实体：客观世界的事物抽象为实体，一组具有共性的实体组成实体集。在 E-R 图中，用矩形表示实体集。

（2）属性：实体一般具有若干特性，这些特征称之为实体的属性。在 E-R 图中，用椭圆表示属性。

（3）联系：实体间的联系。在 E-R 图中，用菱形表示联系。

8. 关系数据库的基本操作：

（1）传统的集合操作：并操作，差操作，交操作，广义笛卡儿积（前三种操作要求关系是并相容的）。

（2）专门的关系操作：选择操作，投影操作，连接操作，自然连接，除法操作。

（3）关系代数五种基本操作：并、差、广义笛卡儿积、投影和选择。其他关系操作均可用这五种基本操作来表达。

9. 关系数据库标准语言 SQL 的有关概念：

（1）关系数据库语言 SQL(Structured Query Language)是一种非过程语言。

（2）SQL 语言可嵌入宿主语言（如 C 语言等）中使用，可实现数据库应用过程中的全部活动。

（3）SQL 数据定义语句：CREATE TABLE…

（4）SQL 数据查询语句：SELECT… FROM…

（5）SQL 数据更新语言：INSERT INTO…

UPDATE… SET…

DELETE FROM…

（6）SQL 语言可创建视图，视图是一张"虚表"，它并不存储数据，但对用户而言，就好像一张物理表一样。

10. 关系型数据库管理系统：微机上运行的 VISUAL FOXPRO, ACCESS；大型的 ORACLE, DB2, SYBASE；中型的 Microsoft SQL Server 等。

【例题分析】

1. 在数据库系统中，最常用的一种基本数据模型是关系数据模型，在这种模型中，表示实体集及实体集之间联系的逻辑结构是_____。

A. 网络　　　B. 图　　　　C. 二维表　　　D. 树

分析：在关系数据模型中，实体集及实体集之间联系均采用二维表表示。

答案：C

2. 在关系数据模型中，实体集之间的联系表现为_____。

A. 只能一对一　　　　　　　B. 只能一对多

C. 只能多对多　　　　　　　D. 一对一、一对多和多对多三种

分析：略。

答案：D

3. 关系数据库的数据操纵语句(DML)主要包括查询和_____两类操作。

分析: 关系数据库基本操作包括三类:数据定义,数据操纵和数据控制与管理。数据操纵又包括数据查询和数据更新(插入、修改、删除)。

答案: 更新

4. 在对关系 R、S 进行自然连接操作时,要求 R 和 S 至少有一个相同的_____。

    A. 元组   B. 联系

    C. 属性   D. 子模式

分析: 所谓自然连接是满足两关系相同属性值相等的连接运算。

答案: C

5. 关系数据库标准语言 SQL 属于_____语言。

    A. 程序设计语言   B. 宿主语言

    C. 过程语言   D. 非过程语言

分析: SQL 语言不属于高级语言,它不需要关心数据的存储位置和存取路径,只要说明"做什么"而不要说明"怎么做",因此它属于非过程语言。

答案: D

6. 在关系模式中,对应关系的主键是指_____。

    A. 不能为外键的一组属性

    B. 第一个属性或属性组

    C. 可以为空值的一组属性

    D. 能唯一确定元组的一组属性(最小子集)

分析: 可以为空值的属性不可作为主键,否则破坏数据库的实体完整性。

答案: D

7. 数据库系统的全局概念结构模式独立于_____。

    A. E-R 图   B. 局部概念结构模式

    C. 具体计算机的 DBMS   D. 应用单位的数据需求

分析: 概念结构模式来自于应用单位的数据需求,一般用 E-R 图表示。在概念结构模式设计时,首先设计局部概念模式,然后合并为全局概念模式。只有在将概念结构模式转换为逻辑结构时,才与具体的计算机 DBMS 有关。

答案: C

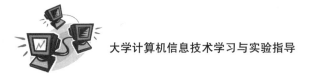

6.3 计算机信息系统

【本节要点】

1. 计算机信息系统的定义：计算机信息系统是一类以提供信息服务为主要目的数据密集型、人机交互的计算机应用系统。

2. 计算机信息系统的特点：

(1) 涉及的数据量大。

(2) 绝大部分数据是持久的。

(3) 数据为多个应用程序所共享。

(4) 除具有数据、传输、存储和管理基本功能外，还具有信息检索、统计报表、事务处理、分析、控制、预测、决策、报警、提示等信息服务。

3. 计算机信息系统是在计算机硬件、软件和网络等基础设施支持下运行，可以抽象为三个层次：

(1) 资源管理层：数据信息以及实现信息采集、储存、传输、存取和管理的各种资源管理系统。

(2) 业务逻辑层：由实现各种业务功能、流程、规则、策略等营运业务的一组程序代码构成。

(3) 应用表示层：通过人机交互方式，将业务逻辑和资源紧密结合在一起，并以直观形象的形式向用户展现信息处理的结果。

4. 计算机信息系统种类繁多：

(1) 从功能来分：电子数据处理、管理信息系统和决策支持系统等。

(2) 从信息资源来分：地理信息系统和多媒体信息系统等。

(3) 从应用领域来分：办公自动化系统、军事指挥信息系统、医疗信息系统、民航订票系统、电子税务系统和电子政务系统等。

5. 利用数据库系统进行应用开发构成一个数据库应用系统，就是典型的计算机信息系统。

6. 计算机信息系统的资源管理层通常是由数据库、数据库管理系统等组成的。

7. 信息系统的开发和管理是一项系统工程，涉及多学科的综合技术。包括软件工程技术、数据库设计技术、程序设计方法以及应用领域的业务知识等。

8. 信息系统开发方法：结构化生命周期方法、原型法、面向对象方法和 CASE 方法等。

9. 信息系统开发过程：可行性研究与规划、需求分析、系统设计、系统实现、软件测试和软件维护。

10. 典型信息系统：制造业信息系统、电子商务、电子政务、地理信息系统、数字城市、数字地球、远程教育、远程医疗、数字图书馆等。

11. 制造业信息系统

（1）制造资源计划系统（MRPII）。把制造、财务、销售、采购以及工程技术等各子系统综合为一个系统，称为制造资源计划系统。

（2）企业资源计划（ERP）。ERP 扩展了企业管理信息集成的范围，在 MRPII 基础上增加了许多新功能，如质量管理、设备维修管理、仓库管理、运输管理、项目管理、市场信息管理、过程控制接口等，成为覆盖整个企业的管理信息系统。

（3）计算机集成制造系统（CIMS）。CIMS 是把人、经营知识及能力与信息技术、制造技术综合应用的过程，是 MRPII（或 ERP）与 CAD/CAM/CAPP 等的集成。

12. 电子商务

（1）电子商务的定义：是指对整个贸易活动实现电子化。

（2）电子商务的分类。按交易双方分类：企业内部的电子商务，企业与客户之间的电子商务（B-C），企业间的电子商务（B-B），企业与政府间的电子商务。按使用网络类型分类：基于电子数据交换（EDI）的电子商务，基于 Internet 的电子商务，基于 Intranet/Extranet 的电子商务。按交易商品性质分类：有形商品的电子订货和付款，无形商品和服务的联机订购、付款和交付。

13. 电子政务是政府机构运用计算机、网络和通信等现代信息技术手段，将政府管理和服务通过精简、优化、整合、重组后在互联网上实现的一种方式。

14. 数字图书馆（Digital Library）是用数字技术处理和存储各种图文并茂文献的图书馆，实质上是一种多媒体制作的分布式信息系统。

15. 地理信息系统（GIS）是在计算机硬、软件系统支持下，针对特定的应用任务，对整个或部分地球表层（包括大气层）空间中的有关地理分布数据（包括空间数据和属性数据）进行采集、储存、管理、运算、分析、显示和描述的信息系统。

【例题分析】

1. 计算机辅助设计（CAD）不属于计算机信息系统应用范畴。

分析:设计人员利用计算机辅助设计系统提供的设计功能、图形处理功能进行交互式产品设计,最终一般提供图形化的结果,其本质是提供交互式图形化信息服务。

答案:错误

2. ERP、MRPII 与 CAM 都属于_____。

    A. 地理信息系统   B. 电子政务系统

    C. 电子政务系统   D. 制造业信息系统

分析:略。

答案:D

3. 在信息系统的基本结构中,数据管理层一般都以数据库管理系统作为其核心软件。

分析:信息系统都是数据密集型的应用,因此都离不开数据库管理系统。

答案:是

4. 计算机信息系统的特征之一是其涉及的数据量大,需要将这些数据长期保留在计算机内存中。

分析:信息系统数据量大,不可能长期保留在内存中。从计算机的工作原理角度讲,内存中存放的是正在处理的数据,大量的数据应保存在外存中。

答案:错误

5. 根据事物地理位置坐标对其进行管理、搜索、评价、分析、结果输出等处理并提供决策支持、动态模拟、统计分析、预测预报等服务的信息系统称为地理信息系统,它的英文缩写为_____。

分析:略。

答案:GIS

6. 下列关于电子商务叙述中错误的是_____。

    A. 电子商务是指整个贸易过程实现电子化

    B. 在 Internet 网上购物也属于电子商务

    C. 商品交易的过程在网上进行,付款环节必须通过实体银行

    D. 无形商品和服务也属于电子商务范畴

分析:电子商务交易中的付款一般也是在网上进行,可以通过支付宝、微信、网上银行进行支付,而无需去银行店面进行支付。

答案:C

7. ERP 扩展了企业管理信息集成的范围,其中文含义是_____。

分析:略。

答案:企业资源规划

8. CIMS 的中文含义是_____。它是企业各类信息系统的集成,也是企业活动前过程中各功能的整合。

分析:略。

答案:计算机集成制造系统

【习题练习】

一、选择题

1. 下列计算机信息系统在技术上的特点的叙述中,较为完整的是_____。
   A. 数据量大、数据持久、数据共享、具有基本数据管理和信息服务功能
   B. 数据量大、数据共享、具有基本数据管理和信息服务功能
   C. 数据量大、数据持久、具有基本数据管理和信息服务功能
   D. 数据持久、数据共享、具有基本数据管理和信息服务功能

2. 计算机信息系统是一种人机结合的系统,其结构可分为三个层次,即_____。
   A. 网络层、数据管理层、用户接口层
   B. 网络层、数据管理层、业务逻辑层
   C. 网络层、应用表示层、用户接口层
   D. 资源管理层、业务逻辑层、应用表示层

3. 下面关于计算机信息系统结构层次关系的叙述错误的是_____。
   A. 资源管理层一般是建立在信息系统基础设施层之上的数据库管理系统
   B. 应用表示层是信息系统的各种应用程序,一般通过数据库管理系统对数据库进行操作
   C. 业务逻辑层是由实现各种业务功能、流程、规则、策略等营运业务的一组程序代码构成
   D. 作为资源管理层的数据库管理系统可以绕过操作系统而直接和硬件交互

4. 下面关于数据库管理系统的叙述,错误的是_____。
   A. 数据库中的数据是按一定的数据模型进行描述和定义的,在说明数据结构时,不但要描述数据本身,同时还要描述数据之间的联系

B. 数据库中的数据冗余度低,节省存储空间,避免数据之间的不相容性,保证数据的一致性

C. 数据库中的数据相互之间独立性强,便于数据维护

D. 数据库管理系统提供良好的用户接口,方便用户开发和利用数据库

5. 数据库系统中,数据独立性是指_____。

A. 应用程序与数据库的逻辑结构、数据的相互独立

B. 应用程序之间的相互独立

C. 数据库中数据之间的相互独立

D. 数据库与操作系统之间的独立

6. 数据库系统是由_____组成的。

①硬件支持环境　②软件支持环境　③数据库　④数据库管理系统
⑤应用系统　⑥设计开发和维护人员　⑦用户

A. ①②③④⑥⑦   B. ③④⑤⑥

C. ③④⑤⑦   D. ①②③④⑤⑥⑦

7. 数据库管理系统的功能因产品而异,但必备的基本功能是_____。

A. 数据定义、数据统计、程序数据语言

B. 数据定义、数据统计、数据库管理

C. 数据定义、数据存取、程序数据语言

D. 数据定义、数据存取、数据库管理

8. 在数据库系统设计过程中,首先要建立概念模型,下面关于概念模型叙述错误的是_____。

A. 概念模型可以按用户观点准确地模拟应用单位对数据的描述及业务需求,便于用户和设计人员进行交流与沟通

B. 概念模型没有语义表达能力

C. E-R 图是常用的建立概念模型工具

D. 建立概念模型的最终目的是为了进一步将其抽象为计算机系统所支持的数据模型

9. 在概念模型中,关于实体主键的叙述正确的是_____。

A. 实体主键只能是能够唯一识别实体的单一属性

B. 实体主键能够唯一识别实体的多个属性

C. 实体中,可能有多个可以作为实体主键的属性或属性组

D. 实体中,可以指定多个实体主键

10. 在概念模型中,关于联系的叙述错误的是_____。

　　A. 联系可以是实体集内部的联系,也可以是实体集之间的联系

　　B. 联系是由实体属性的语义决定的

　　C. 两个实体之间可以有一对一联系、一对多联系和多对多联系

　　D. 实体由属性组成,联系不包含任何属性

11. 数据模型反映数据的逻辑结构,根据实体集之间的不同结构,通常把数据模型分为四种,它们是_____。

　　A. 层次模型、网状模型、关系模型和面向对象模型

　　B. 非关系模型、关系模型、线性模型、面向对象模型

　　C. 层次模型、网状模型、关系模型和线性模型

　　D. 层次模型、网状模型、线性模型和面向对象模型

12. VFP 是_____数据库管理系统。

　　A. 关系型　　　B. 网状型　　　C. 层次型　　　D. 面向对象型

13. ACCESS 是_____数据库管理系统。

　　A. 关系型　　　B. 网状型　　　C. 层次型　　　D. 面向对象型

14. SQL-SELECT 查询语句,属于_____范畴。

　　A. DD　　　B. DDL　　　C. DML　　　D. DB

15. 数据库管理系统的主要作用是_____。

　　A. 实现数据的统一管理,以及对数据库数据的一切操作

　　B. 收集数据

　　C. 进行数据库的规划、设计、维护等工作

　　D. 提供数据查询界面

16. 下面关于关系数据模型的描述,错误的是_____。

　　A. 关系数据模型中,实体集、实体集之间的联系均用二维表表示

　　B. 关系的操作结果也是关系

　　C. 关系数据模型的存取路径对用户透明

　　D. 关系数据模型与关系数据模式是两个相同的概念

17. 关系数据模型中,下列叙述正确的是_____。

　　A. 每一个属性对应一个域,不同的属性域也不相同

　　B. 关系中允许出现相同的元组

　　C. 元组中属性的顺序不可任意交换,而元组的次序可以任意交换

　　D. 关系中所有域都应是原子数据的集合,不包含组合数据

18. 在关系数据库系统中,一个关系相当于_____。

    A. 一张二维表   B. 一条记录

    C. 一个数据库   D. 一个关系表达式

19. ODBC 是_____,它可以连接一个或多个不同的数据库服务器。

    A. 中间层与数据库服务器层的标准接口

    B. 数据库查询语言标准

    C. 数据库应用开发工具标准

    D. 数据库安全标准

20. 下面关于 SQL 语言的描述错误的是_____。

    A. SQL 语言是一种非过程语言,即对用户而言只要说明"做什么",而不要说明"如何做"

    B. SQL 语言是一种基于关系代数和关系运算的语言

    C. SQL 语言是关系数据库的标准语言,适用于主流 DBMS 产品,如 OR-ACLE、SQL server 等

    D. 目前,SQL 语言只支持数据查询、数据定义,但不支持数据控制和管理

21. CREATE-TABLE 语句属于_____功能。

    A. 数据定义功能   B. 数据存取功能

    C. 数据管理功能   D. 数据控制功能

22. 计算机信息系统中的 B/S 三层模式是指_____。

    A. 应用层、传输层、网络互链层

    B. 应用程序层、支持系统层、数据库层

    C. 浏览器层、Web 服务器层、DB 服务器层

    D. 客户机层、HTTP 网络层、网页层

23. 设有学生关系表 S,共有 100 条记录,执行 SQL 语句:DELETE FROM S 后,结果为_____。

    A. 删除了 S 表的结构和内容   B. S 表为空表,但其结构被保留

    C. 没有删除条件,语句不执行   D. 仍然为 100 条记录

24. 在 SQL 数据库中,关于视图的说法错误的是_____。

    A. 面向用户的模式对应于视图和部分基本表

    B. 视图是从一个或多个基本表导出的表,用户不可以在视图上再定义视图

C. 视图并不对应于存储在数据库中的文件，因此视图实际是一个"虚表"

D. 用户可以用 SQL 语言对视图操作

25. 关系数据库标准语言 SQL 的查询语句的一种形式为"select A_1，A_2，…，A_n from R_1，R_2，…，R_m where F"，其中，A_1，…，A_n，R_1，…，R_m，F 分别表示_____。

A. 视图属性，基本表，条件表达式

B. 列名或列表达式，视图，条件表达式

C. 列名或列表达式，基本表或视图，条件表达式

D. 列名或条件表达式，基本表，关系代数表达式

26. 关系数据库标准语言 SQL 的查询语句的一种形式为"select A_1，A_2，…，A_n from R_1，R_2，…，R_m where F"，其中，select 子句，where 子句可以分别实现关系代数中_____。

A. 投影，选择运算　　　　　　B. 选择，投影运算

C. 并，交运算　　　　　　　　D. 交，并运算

27. 已知关系 S（SNO，SNAME，DEOART，SEX，BDATE），SQL 语句"SELECT SNO，SNAME FROM S"执行的是_____操作。

A. 选择　　　B. 投影　　　　　C. 连接　　　　　D. 除法

28. 下面关于关系数据库标准语言 SQL 语句功能的叙述，错误的是_____。

A. 对单个或多个基本表和视图进行数据查询

B. 能够实现对数据进行插入、删除操作

C. 能够对查询的结果进行多关键字排序

D. 不能实现对数据的求和、计算平均值等

29. 假设有下列数据库关系表(标注"＊"的属性为主键，成绩设置了用户自定义约束，值域为 0～100)：

学生表 S

＊学号 S#	学生名 SN	院系号 D#	成绩 GRADE
10001	陶　明	01	95
10002	张小刚	01	86
20001	陈　霞	02	93
20002	杨　平	02	89

院系代码表 D

*院系号 D#	院系名称 DN
01	文学院
02	工学院
03	理学院

两表设置了关于院系号的参照完整性,以下 SQL 操作不能执行的是_____。

A. 从 S 表中删除成绩小于 90 的行

B. 生成一张学号为"20001"的含有"学生名""院系名称"的学生情况表

C. 将行("10003","李宁","05",90)插入到表 S 中

D. 将表 S 中学号为"20001"的学生成绩更改为 95

30. 已知条件如上题,以下 SQL 操作不能执行的是_____。

A. 从 S 表中删除成绩小于 90 的行

B. 生成一张院系代号为"02"的且成绩在 90 分以上的含有"学生名""成绩"的成绩情况表

C. 在 D 表中先插入行("05","外文院"),然后再将行("10003""李宁""05",90)插入到表 S 中

D. 将表 S 中学号为"20001"的学生成绩更改为 120

31. 已知条件如上题,以下 SQL 操作不能执行的是_____。

A. 从 S 表中删除成绩小于 90 的行

B. 生成一张各院系学生人数及平均成绩的统计表

C. 将行("20001","张霞","02",99)插入到表 S 中

D. 将表 S 中学号为"10001"的学生成绩更改为 92

32. 在数据库系统中,数据库管理系统(DBMS)与操作系统之间的关系是_____。

A. 二者完全独立　　　　　　B. 操作系统调用 DBMS

C. DBMS 调用操作系统　　　　D. 二者相互调用

33. 微机上运行的数据库管理系统(如 ACCESS,VISUAL FOXPRO)和主流关系数据库管理系统(如 ORACLE,DB2,Sybase)比较,下列叙述错误的是_____。

A. 前者操作简便,而后者相对复杂

B. 后者强调数据管理在理论上和实践上的完备性

C. 后者具有强大的数据保护和恢复功能

D. 两者都全面地支持标准 SQL 语言

34. 信息系统采用 B/S 模式时,其"查询 SQL 请求"和"查询结果"的"应答"发生在_____之间。

  A. 浏览器和 Web 服务器   B. 浏览器和数据库服务器

  C. Web 服务器和数据库服务器   D. 任意两层

35. 在客户/服务器模式的网络数据库体系结构中,用作客户机的计算机可以有多台,而用作服务器的计算机_____。

  A. 只能是一台性能较高的计算机

  B. 必须是多台性能较高的计算机

  C. 可以有一至多台(包括既作为客户机又作为服务器的计算机)

  D. 与客户机计算机同样台数

36. 在客户/服务器模式的网络数据库体系结构中,下列叙述错误的是_____。

  A. 前端客户机通常运行采用高级语言如 VB、Delphi 等开发的应用程序

  B. 前端客户机系统通过标准接口访问后台数据库

  C. 前端客户机生成 SQL 语句,而 SQL 语句的执行是由数据库服务器来完成的

  D. SQL 语句的生成和执行都是在数据库服务器上进行的

37. 下列软件中,属于工程数据库应用的是_____。

  A. CAD   B. GIS   C. VOD   D. MIS

38. 下面关于数据挖掘的叙述错误的是_____。

  A. 从大量的数据中提取隐含其中的、未知的、有用的、不一般的信息和知识

  B. 数据挖掘的数据源只能是数据仓库

  C. 数据挖掘步骤中数据选择的任务是按挖掘目标对数据进行预处理

  D. 数据挖掘实际上是数据的一种查询

39. 下面关于地理信息系统(GIS)叙述错误的是_____。

  A. GIS 是一种专门用于测绘、制图及环境管理等领域的技术

  B. GIS 是针对特定的应用任务,存储事物的空间数据和属性数据,记录事物之间关系和演变过程的系统

  C. GIS 可根据事物地理位置坐标对其进行管理、搜索、评价、分析结果输

出等处理,提供决策支持、动态模拟统计分析、预测预报等服务

    D. GIS 应用范围已扩展到工农业、交通运输、环保、国防、公安等诸多领域

40. 电子商务 B-B 是指_____。

    A. 企业内部的电子商务   B. 企业与客户的电子商务

    C. 企业之间的电子商务   D. 企业与政府间的电子商务

41. 下列关于数据仓库的叙述,错误的是_____。

    A. 数据仓库与数据库是一个概论,只是数据仓库存储更多的数据

    B. 数据仓库为数据挖掘提供了条件

    C. 数据仓库存储了大量的历史综合数据

    D. 数据仓库需要专门的数据仓库管理系统进行管理

42. 下列关于信息系统开发的叙述,错误的是_____。

    A. 信息系统的开发是一项系统工程,涉及多个学科的综合技术

    B. 信息系统开发常用结构化生命周期法,又称瀑布模型法

    C. 原型法是一种快速建立一个目标系统的初始版本,再根据用户要求,逐步升级,直到用户最终满意的开发方法

    D. 信息系统开发是一项技术难度小、失败风险小的工程

二、是非题

1. 信息系统处于文件管理阶段时,数据文件与应用程序都是物理上相互独立的磁盘文件,因此数据文件的变化不会影响应用程序的执行。（　　）

2. 数据与程序的独立,可以将数据的定义从程序中分离出来,数据的存取都由 DBMS 管理,因而可以简化应用程序的编制,减少应用程序的维护工作量。（　　）

3. 两个实体集之间只可能有一种联系。（　　）

4. 关系数据模型的存取路径对用户透明是指用户在对数据操作时不用考虑数据的存取路径。（　　）

5. SQL 语言可嵌入宿主语言中使用,但不可在联机交互方式下执行。（　　）

6. 在关系运算中,差运算可以用来删除关系中元组。（　　）

7. 在数据库管理系统中,事务处理的一项重要任务是解决因硬件或软件出现故障导致数据不一致的恢复问题。（　　）

8. 在信息系统的基本结构中,数据管理层一般都以数据库管理系统作为其

核心软件。 （ ）

9. B/S 结构的数据库信息管理系统是指利用 Web 网页作为前端信息服务的开发工具。 （ ）

10. 数据库设计中,概念结构往往与选用什么类型的数据模型有关。 （ ）

11. 计算机集成制造系统(CIMS)包括技术信息系统和管理信息系统两部分组成。 （ ）

12. MRPII 系统是从产品的结构出发,保证既不出现物料短缺,又不积压物料库存的计划管理系统,可以用它来解决制造业中缺件与超储之间矛盾,但不包含资金流的管理。 （ ）

三、填空题

1. 在信息系统中,CSCW 的中文含义是_____。

2. 现今,许多信息系统集成了语音识别、图像识别功能,这体现了信息系统向_____化方向发展。

3. 在数据库系统中,数据独立于程序,包括数据的_____和数据的物理独立性。

4. 在关系模式 S(* SNO, SNAME, DEPART, SEX, BDATE)中,关系名为 _____,主键为_____。

5. 在关系数据库系统中,应用程序通过_____语言才能访问数据库。

6. 在数据库系统中,DBMS 的中文全名是_____。

7. 在数据库系统中,DBA 的中文全名是_____。

8. SQL 查询语句:SELECT SNANE, DEPART, CNAME, GRADE
   　　　　　　　FROM S, C, SC
   　　　　　　　WHERE S. SNO = SC. SNO AND SC. CNO = C. CNO
   　　　　　　　AND S. SEX='男';
   涉及的三个表是_____。

9. 在关系运算中,专门的关系操作有选择操作、_____、连接操作、自然连接操作和除法操作。

10. 设有关系学生 S(* SNO, SNAME, DEPART, SEX)和关系 SC(* SNO, CNO, GRADE),其中列 SNO, SNAME, DEPART, SEX, CNO, GRADE 分别表示学号、姓名、系名、性别、课程号、成绩,带 * 的列为主键,查询学号为"C008"的课程号、成绩的 SQL 语句为_____。

11. 条件如上题,查询学号为"C008",课程号为"CS－202"的姓名和成绩的 SQL 语句为_____。

12. 在数据库系统中,ODBC 的中文意义是_____。

13. 数据库设计的基本任务是根据一个单位或部门的信息需求、_____和数据库的支持环境,设计出数据模式以及相应的_____。

14. 在计算机集成制作系统中,ERP 的中文含义是_____。

实验 1　Word 常用功能及应用实例

Word2016 具有处理文字、图形、图片、表格、数学公式、艺术字等多种对象的能力,生成图文并茂的文档形式,还提供了模板、邮件合并、宏、域等高级功能。可以用来起草会议通知、编写文稿、输入高级语言源代码等。

Word2016 作为 Office2016 软件包成员之一,与 Word2010 版本的界面风格基本相同,它提供一套以工作任务为导向的用户界面,大大提高用户工作效率。在 Office2016 中,传统的菜单和工具栏已被功能区所代替,功能区是一种全新的设计,它以选项卡的方式对命令进行分组和显示,同时功能区的选项卡在排列方式上与用户所要完成的任务的顺序相一致,选项卡中命令的组合方式更加直观,同时进一步加重了扁平化设计,在配合 Windows10 针对触控操作方面也有了很多改进。Word2016 功能区中包括了"开始"、"插入"、"页面布局"、"引用"、"邮件"、"审计"、"视图"等选项卡,每个选项卡中包含若干个组,每个组中包含若干个命令按钮。需要说明的是,在处理某些对象时,Word2016 功能区还会动态显示浮动的选项卡,任务窗格窗口可随用户的需要打开或关闭。Word 2016 应用程序界面如图 1-1 所示。

1.1　文档的创建和编辑

建立 Word 文档最基本的步骤是:创建文档、输入文字、保存文档。如果文档已经存在,那么要首先打开文档,然后对文档内容进行添加、修改、复制、删除等操作。为了方便操作,Word 提供了页面视图、阅读版式视图、Web 版式视图、大纲视图及草稿视图。草稿视图用来快速编辑文本,页面视图用来编排打印版式,大纲视图用于编辑大的文档,Web 版式视图用于编辑文档的网页形式,阅读版式视图用来方便阅读。

1. 创建文档

启动 Word 后,系统提供最近使用的文档列表便于用户打开已有文档,同时提供"空白文档"、"欢迎使用"等文档模板,以便用户根据现有文档模板(也可登录网站获取网上模板)新建含有模板文档格式的文档,提高工作效率。在 Word 界面

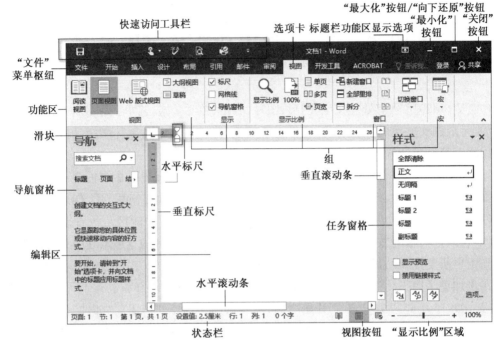

图 1-1

中,也可单击"文件"按钮,执行弹出的"新建"功能,打开或创建新文档。

2. 输入文字

输入文字时,不应输入多余的空格和回车,加大行距和缩进应在版面格式中设定。系统提供自动和手工拼写检查及更正功能,文档中公式、特殊符号可通过执行"插入"选项卡的"符号"组的功能实现。

3. 编辑文档

对已有文档进行修改、移动、复制、删除、替换等。

4. 撤销与恢复

在编辑文档时,如果发生误操作,执行快速访问工具栏的"撤销"命令,可撤销上一次操作,可连续多次撤销。"恢复"是"撤销"的反操作。

5. 保存文档

默认情况下,保存为 Office2016 的 Word 文档(*. docx)。当文档包含宏代码时,应保存为启用宏的 Word 文档(*. docm)。也可保存与 Office2003 兼容的 Word 文档(*. doc)以及 RTF 格式文档(*. rtf)等。

1.2 文档的版面设计

文档的文字内容输入完成后,一般都要进行版面的设计,如打印输出的纸张大小,标题字体的设置等。文档的版面设计包括页面格式、字体格式、段落格式、边框和底纹、项目符号和编号、页眉和页脚、分栏、分节等操作。

1. 页面设置

页面设置的内容包括:设置纸张的大小、页边距、页眉和页脚的位置及奇偶页显示方式、每页行数及每行字数等。一般在字符、段落格式设置之前先进行页面设置,以便在页面大小范围内进行文档的排版。页面设置通过执行"布局"选项卡的"页面设置"组的功能实现。

2. 字体格式

字体格式的设置就是对文档中的汉字、字母、数字和标点符号等进行字体、字形(加粗和倾斜)、字号、颜色、下划线、着重号、字符间距设置等。字体格式的设置通过执行"开始"选项卡的"字体"组的功能实现。

3. 段落格式

选择一段或多段,进行段落格式设置。段落格式包括:设置段落对齐方式、行间距、段落前后的间距、缩进方式、换行和分页控制等。段落格式通过执行"开始"选项卡的"段落"组的功能实现。

4. 首字下沉

首字可通过"首字下沉"设置成两种特殊效果:"下沉"和"悬挂",可指定首字下沉行数及字体等。首字下沉通过执行"插入"选项卡的"文本"组的功能实现。

5. 边框和底纹

选择段落后可以设置文字、段落、页框的"边框"的线型、颜色和宽度等,同时可设置"边框"内的填充色和图案样式等底纹效果。边框和底纹设置通过执行"设计"选项卡的"页面背景"组的功能实现。

6. 项目符号和编号

文档中的并列段(项目)前面经常需要加上符号(如圆点、菱形等)或编号,以便于阅读。选择并列段,执行"开始"选项卡的"段落"组的项目符号、编号功能实现。

7. 分栏

默认情况下,Word 文档按一栏显示。可设置文档多栏显示,在分栏对话框中设置分栏数、每栏宽度和间距。只有在"页面视图"或"打印预览"状态下,才能看到分栏的效果。分栏通过执行"布局"选项卡的"页面设置"组的功能实现。

8. 页眉和页脚

在文档的顶部和底部分别可以显示页眉和页脚。可在页眉页脚区输入文字、插入页码、页数、日期时间、图片和"文档部件"等。页眉和页脚通过执行"插入"选项卡的"页眉和页脚"组的功能实现。

9. 样式及目录

长文档的段落多、标题多,各级标题要求设置不同的格式,而同一级别的标题或正文段落要求使用统一的格式。Word 提供样式功能很好地解决了这些问题。样式集字体格式、段落格式、项目编号格式于一体。用样式编排长文档格式可实现文档格式与样式格式同步自动更新,即修改了某一样式格式,文档中使用了此样式的段落格式自动修改,大大提高长文档编排的效率。

Word 2016 提供了内置的快速样式集,包括标题样式、正文样式等,用户可以直接使用,如果内置的样式不满足自己的排版需要,用户还可以定义自己的样式。长文档设置标题样式后,导航窗格可按照文档的标题级别显示文档的层次结构,用户可根据标题快速定位文档,还可以基于标题样式,自动插入目录。

应用样式通过执行"开始"选项卡的"样式"组的功能实现。插入目录通过执行"引用"选项卡的"目录"组的功能实现。

10. 其它

在 Word 文档中,还可以插入脚注、尾注、题注、交叉引用、超级链接等。

1.3 图文排版

Word 支持图文混排功能,可在文档中插入图片、屏幕截图、图形、艺术字、文本框、公式和其它应用程序对象,还可在文档中绘制图形。从而使用 Word 可方便地制作电子板报、论文和书稿等。

1. 插入图片

在文档的任何位置可插入图片,图片来自于系统自带的剪贴画、磁盘上的图片文件和屏幕截图等。通过执行"插入"选项卡的"插图"组的功能实现,插入图片后,使用自动显示的"图片工具"中的"格式"选项卡功能,可设置图片样式、颜色、图片大小及其环绕方式等。

2. 绘制图形

在 Word 文档中可绘制矩形方框、椭圆、直线、箭头及各种自选图形等图形对象。可在图形中添加文字,可设置图形线条的线形、颜色、大小及环绕方式等。可组合多个图形对象为一个大的对象,在图形对象相互重叠时,还可设置图形的叠放次序。绘制图形通过执行"插入"选项卡的"插图"组的"形状"功能实现。

3. 插入 SmartArt 图形

在 Word 文档中可插入 SmartArt 图形,SmartArt 图形包括图形列表、流程图和层次结构图等。可在图形中添加文字,可设置图形线条的线形、颜色、大小及环绕方式等。SmartArt 图形通过执行"插入"选项卡的"插图"组的"SmartArt"功能实现。

4. 插入艺术字

艺术字是 Word 中产生的文字图形,可选择多种艺术字式样,产生特殊的艺术效果。艺术字通过执行"插入"选项卡的"文本"组的"艺术字"功能实现,通过"绘图工具"还可方便地设置艺术字的形状、样式、大小和环绕方式等。

5. 插入文本框

在同一版面中有多种不同排版风格的文字,如既有水平排版的又有垂直排版的,用于表达文档的引述、摘要等,这时往往需要使用文本框。文本框通过执行"插入"选项卡的"文本"组的"文本框"功能实现,通过"绘图工具"还可方便地设置其形状填充、形状轮廓、形状效果,文本框大小及环绕方式等。

6. 插入对象

在 Word 文档中还可插入水印、数学公式、EXCEL 工作表、画笔位图、视频等对象。

1.4 表格制作

表格在文档中有着非常重要的作用,它使文档内容简明扼要并便于对比分析。在 Word 文档中,提供了表格的插入和编辑等功能。

1. 插入表格

Word 文档中可直接插入指定行数和列数的表格,也可通过绘制表格功能绘制不规则表格,还可通过快速表格功能插入内置的表格模板。插入表格后,可在表格单元格中输入文字、插入图片等,每个单元格相当于一个小文档,可设置字体和段落格式。插入表格通过执行"插入"选项卡的"表格"组的"表格"功能实现。

2. 编辑表格

表格建立后,可插入、删除表格行和列,也可插入、删除单元格,对单元格还可进行拆分和合并,表格的行高与列宽可根据需要进行调整。编辑表格通过"表格工具"中的"设计"和"布局"选项卡中功能实现。

3. 文本与表格的转换

文档中的文字通过"文字转换成表格"功能转换为表格,反之,也可将表格转换成文字。

实例(1)　制作如图 1-2 所示格式文档

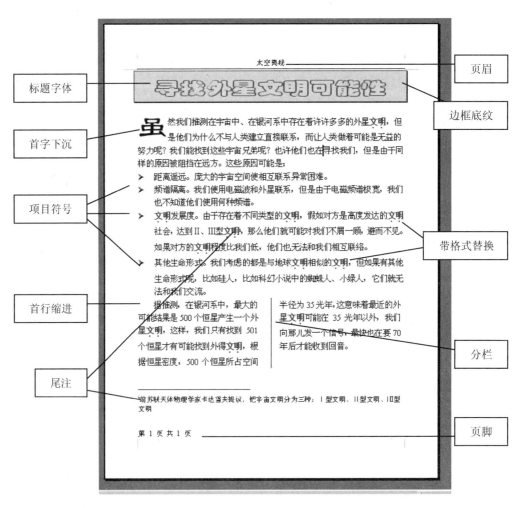

图 1-2

主要实验步骤:

(1) 打开"素材 1-1. DOCX"。

(2) 执行"布局"、"页面设置"功能,设置纸型宽度为 15 厘米、高度为 20 厘米,设置上下边距为 2 厘米、左右边距为 1.5 厘米,设置每页 26 行、每行 35 字。

(3) 在文档开始处键入回车,输入标题"寻找外星文明可能性"。

(4) 选中标题行,执行"开始"、"字体"功能,设置字体为华光彩云_CNKI、二号字、红色、字符缩放为 150%。

(5) 选中标题行,执行"开始"、"段落"功能,设置对齐方式为居中,段后间距 1 行。选择最后一段,执行"开始"、"段落"功能,设置特殊格式首行缩进 2 字符。

(6) 选中标题行,执行"设计"、"页面背景"、"页面边框"功能,设置边框颜色为蓝色、宽度为 1.5 磅,底纹填充为灰色、背景 2、深色 10%。

(7) 将插入点移至正文第一段,执行"插入"、"文本"、"首字下沉"功能,设置下沉行数为 3,首字字体为隶书;选择第二至五段;执行"开始"、"段落"、"项目符号"功能,设置项目符号。

(8) 选中最后一段(尾部可插入回车),执行"布局"、"页面设置"、"分栏"、"更多分栏"功能,设置分两栏,加分隔线。

(9) 将插入点移到第 4 段的"达到Ⅱ、Ⅲ型文明"位置,执行"引用"、"脚注"对话框,选择编号格式后,在正文末尾输入尾注"前苏联天体物理学家卡达雪夫提议,把宇宙文明分为三种:Ⅰ型文明、Ⅱ型文明、Ⅲ型文明"。

(10) 分别执行"插入"、"页眉和页脚"、"页眉"和"页脚"功能,在页眉中输入"太空奥秘",在页面底端插入页码"加粗显示的数字 2"。

(11) 选中全部正文,执行"开始"、"编辑"、"替换"功能,输入"查找内容"及"替换为"均为"文明",单击"更多"按钮,在展开的对话框中,单击"格式"按钮,选择字体功能,设置替换后的文字为加粗、红色、着重号(注意格式一定要加在"替换为"位置的文字上)。

(12) 保存文件。

实例(2)　制作如图 1-3 所示格式文档

主要操作步骤:

(1) 打开素材"素材 1-2. DOCX"。

(2) 执行"插入"、"文本"、"文本框"、"绘制竖排文本框"功能,在文档右上方插入文本框,在其内输入文字"书法的意韵和旋律"。

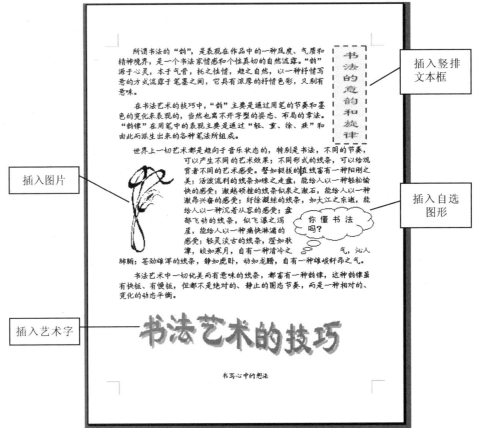

图 1-3

(3) 选择输入的文字,执行"开始"、"字体"功能,设置文字:隶书、蓝色－个性色 5－淡色 40%、二号、字符缩放 66%。

(4) 选择插入的文本框(单击文本框边框),执行"绘图工具"、"格式"、"形状样式"功能,设置文本框填充:橙色、透明度 50%,设置文本框线条:红色、2 磅、短划线。执行"格式"、"大小"功能,设置高、宽大小分别为 4.5cm、1.5cm。执行"格式"、"排列"、"位置"功能,设置顶端居右、四周型环绕。

(5) 将插入点移到第 3 段左上角,执行"插入"、"插图"、"图片"功能,选择图片"sf. wmf"。

(6) 选择插入的图片,执行"图片工具"、"格式"、"大小"功能,启动对话框,设置图片高度为 4.5 厘米,宽度为 2.5 厘米,版式为四周型。

（7）执行"插入"、"形状"功能，选择"标注"中的"云形标注"，将插入点移到第 3 段右下角，拖曳鼠标插入自选图形，在其中输入"你懂书法吗?"。选择标注，执行"绘图工具"、"格式"、"排列"、"环绕文字"功能，设置"紧密型环绕"。

（8）执行"插入"、"文本"、"艺术字"功能，选择第 2 行第 2 列艺术字式样，输入艺术字"书法艺术的技巧"，将插入艺术字拖曳到底部。选择艺术字，执行"绘图工具"、"格式"、"艺术字样式"、"文本效果"功能，设置艺术字转换弯形为"波形 1"。

（9）保存文件。

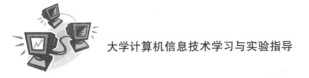

实验 2　Excel 常用功能及应用实例

Excel2016 电子表格软件用来处理由若干行和若干列表格单元所组成的表格，每个表格单元可以存放数值、文字、公式等，从而可以方便地进行表格编辑，并方便使用公式及内部函数对数据进行计算，还可以使用排序、筛选、数据透视表及分类汇总等功能，对数据进行分析处理。

2.1　工作簿的建立

Excel 工作簿由工作表组成，如图 2-1 所示。单击工作表标签，即可选择相应的工作表。每个工作表是一个 16384 列和 1048576 行组成的表格，行和列交叉部分称为单元格，是存放数据的最小单元，用列标和行号来唯一地标识一个单元格。

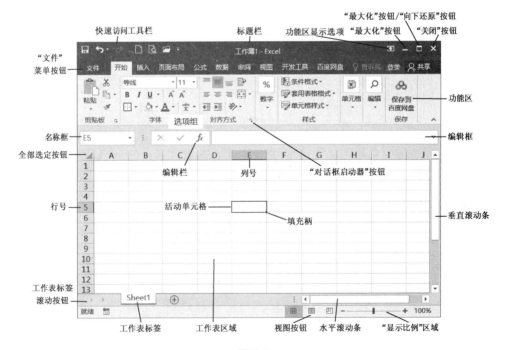

图 2-1

1．创建工作簿

启动 Excel 后,系统提供最近使用的工作簿列表便于用户打开已有工作簿,同时提供"空白工作簿"、"欢迎使用 Excel"等工作簿模板,以便用户根据现有工作簿模板(也可登录网站获取网上模板)新建含有模板工作簿格式的文档,提高工作效率。在 Excel 界面中,也可单击"文件"按钮,执行弹出的"新建"功能,打开或创建新的 Excel 工作簿。

2．工作表管理

一个工作簿最多可以管理 255 个工作表。创建空白工作簿时,默认只建立 1 张工作表。可以进行插入新的工作表、删除原工作表、重命名工作表、复制工作表、移动工作表位置和保护工作表等操作。工作表管理通过执行"开始"选项卡的"单元格"组的功能实现。

3．保存文档

默认情况下,保存为 Office2016 的 Excel 工作簿(＊.xlsx)。当文档包含宏代码时,应保存为 Excel 启用宏的工作簿(＊.xlsm),也可保存为其它文件格式,如纯文本(＊.txt)、网页(＊.htm)等。

2.2　工作表的基本操作

工作表是用来存储和处理数据的电子表格,其基本操作是输入数据和设置格式,当然在操作过程中,往往还要进行插入、修改、移动、复制和删除等编辑操作。

1．手工输入数据

在单元格中,可以输入文本、数值、日期和时间。在输入由数字组成的文本时,须在前面加上英文单引号,如学号 013060101,应输入:'013060101。输入日期时,可用斜杠"/"或减号"－"分隔年、月、日,如 2006/10/30。输入时间时,可用冒号":"分隔时、分、秒,如 11:30:10。在单元格中,还可以输入分数,如输入 1/3,只需在前面加上零和空格,即输入:0 1/3。

2．自动填充数据

对于一些连续的数据可以使用"自动填充"的方法,快速输入数据。可以填充文本、数值、日期和时间。当填充数值时,应先输入前两个单元格的数据,然后选定两个单元格,拖曳填充柄。

3．数据的编辑

可以插入单元格、行或列,也可删除单元格、行或列。可以在单元格中直接修改已有数据,也可在编辑栏中,修改当前单元格数据。清除内容与删除单元格不同,清除内容只是删除了单元格的内容,而其格式、批注仍然保留,而删除单元格将删除单元格本身,后续单元格填充删除的单元格。

单元格或单元格区域可通过剪贴板功能进行方便的复制和移动,也可直接使用鼠标拖曳。

4. 设置单元格格式

单元格除了存储文本、数字、日期等内容外,还保存有格式、批注信息。选择单元格格式功能,可设置单元格格式,如设置数值的小数点位数、负数的显示格式、百分比式样,设置单元格的字体、大小、颜色及对齐方式,设置单元格边框线型、颜色、粗细等。单元格格式设置通过执行"开始"选项卡的"字体"、"对齐方式"、"数字"、"样式"等组的功能实现。

5. 条件格式

只有单元格的值符合设置的条件,才会按设置的格式显示。条件格式设置通过执行"开始"选项卡的"样式"组的"条件格式"功能实现。

6. 调整行高和列宽

利用鼠标拖曳列标右边的分隔线调整列宽,若选择多列进行调整,则选择的列调整为相同的宽度,双击列标右边的分隔线,则以最适当的宽度调整该列,当列的宽度调整为零时,列被隐藏。列宽的调整也可执行"开始"选项卡的"单元格"组的"格式"功能实现。行高的调整与列宽调整类似。

2.3　公式的建立

在单元格中,可输入公式进行运算。公式以等号=开始,由常量、单元格引用、函数及运算符组成。公式可以是一个简单的算术表达式,也可是使用函数对单元格、单元格区域进行求和、求平均值等的复杂表达式。公式可以在单元格中进行输入编辑,也可在编辑栏进行输入编辑。

1. 运算符

Excel 中包含算术运算符、文本运算符、比较运算符和引用运算符。算术运算的结果为数值,文本运算 & 是将两个字符串合并为一个字符串,比较运算的结果为逻辑值 TRUE 或 FALSE。

算术运算符:＋(加)、－(减)、*(乘)、/(除)、%(百分比)、^(指数)

字符运算符:&(连接)

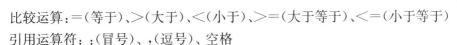

比较运算：＝（等于）、＞（大于）、＜（小于）、＞＝（大于等于）、＜＝（小于等于）

引用运算符：：（冒号）、，（逗号）、空格

2. 单元格引用

单元格引用就是标识工作表上的单元格或单元格区域，指明公式中所使用的数据的位置。在 Excel 中，可以引用同一工作表不同部分的数据，同一工作簿不同工作表的数据，甚至不同工作簿的单元格数据。

单元格或单元格区域引用一般式为：[工作簿名]工作表名！单元格引用。如：[学生成绩.xls]Sheet2！A2，表示引用"学生成绩"工作簿中的"Sheet2"工作表的A2 单元格。在引用同一工作簿单元格时，工作簿可以省略，在引用同一工作表时，工作表可以省略。如：＝Sheet2！A2＋A2，表示求工作表 Sheet2 的 A2 单元格与当前工作表的 A2 单元格之和。

单元格引用运算符有 3 个：

(1) ：（冒号）——区域运算符，如 A2：E6 表示 A2 单元格到 E6 单元格矩形区域内的所有单元格；

(2) ，（逗号）——联合运算符，将多个引用合并为一个引用，如＝SUM(A1：B4，E5：F10)，表示 A1 至 B4 以及 E5 至 F10 所有单元格求和(SUM 是求和函数)；

(3) 空格——交叉运算符，如＝SUM(A1：C6　C5：E9)表示求 A1：C6 与 C5：E9 两区域交叉单元格 C5、C6 之和。

3. 函数

Excel 提供了强大的内置的函数，实现数值统计、逻辑判断、财务计算、工程分析等功能。

使用"开始"选项卡的"编辑"组的"自动求和"按钮和编辑区的"粘贴函数"按钮fx，用户很容易根据向导实现对指定的单元格区域进行求和，求平均值、最大值、最小值等。用户也可直接输入函数公式。

4. 公式复制与单元格绝对地址

单元格的公式也可进行复制，复制到目标单元格中的公式地址将随着目标单元格的相对位移而自动改变，这种单元格引用地址称为相对地址。如将单元格 E2中的公式＝C2＋D2，复制到 E3，E3 的公式则为＝C3＋D3。

但是，有的时候希望复制到目标单元格的公式地址不要发生变化，此时在公式中可以使用绝对地址，绝对地址的表示方式是在行和列前加上 $ 符号，如 E2 中的公式＝C2＋D2，复制到 E3，E3 的公式则为＝C3＋D2。

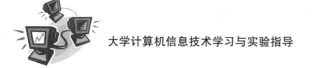

2.4　图表的制作

Excel 可以根据工作表中的数据生成各种不同类型的图表,通过图表形象地、直观地表达一个或多个区域的相关数据,便于比较和分析。

1. 创建图表

选取用于绘制图表的数据区,执行"插入"选项卡的"图表"组的功能实现。

(1) 数据源可以选取一行或一列数据,也可选取连续或不连续的数据区域,但一般包括列标题和行标题,以便标题文字标注在图表上;

(2) 生成的图表类型可以是"柱形图"、"条形图"、"饼图"等;

(3) 图表包括"图表标题"、"坐标轴标题"、"坐标轴"及"图例"等内容;

(4) 图表可嵌入已有工作表中,也可作为单独的一张图表插入工作簿内。

2. 图表修改

在 Excel 中,图表可以看作一个完整对象,因此可以对它进行移动、复制和删除等操作。同时,图表又是由绘图区、图表标题、坐标轴标题、坐标轴、图例、数据标签、网格线和趋势线等图表元素组成,每一个图表元素都可以进行编辑,从而完成对图表的修改。另外,图表与对应的表格数据是互动的,即表格的值变了,图表自动改变,反之亦然。图表修改可通过执行"图表工具"的"设计"、"格式"选项卡中各组的功能实现。

2.5　数据管理与统计

为了实现数据管理与分析,Excel 要求数据必须按数据清单(数据列表)格式来组织,Excel 可以实现对数据列表的排序、筛选、分类汇总和数据透视等功能。

1. 数据清单

每列包含相同类型的数据,列表首行由互不相同的字符串组成(称为字段名),其余各行包含一组相关的数据(称为记录)的连续单元格区域。

2. 数据排序

排序是将数据清单中记录按某些字段值的大小,重新排列记录次序,一次排序可以选择多个关键字,它们的含义是:首先按"主要关键字"排序,当"主要关键字"相等时,检查第一次序"次要关键字"大小,若第一次序"次要关键字"相等,则检查第二次序"次要关键字"的大小,依次类推,从而决定记录的排列次序。另外,每种关键字都可以选择是按"升序"或"降序"排列。数据排序可执行"开始"选项卡的"编辑"组的"排序和筛选"功能实现。

3. 数据筛选

筛选功能可以只显示数据清单中符合筛选条件的行,而隐藏其它行。筛选功能中,给多个字段加上筛选条件,表示筛选同时满足这些字段条件的记录。数据筛选可执行"数据"选项卡的"排序和筛选"组的功能实现。

4. 分类汇总

对数据进行分类汇总是 Excel 提供的基本的数据分析方法。操作时必须首先按"分类"字段进行了排序,然后再对指定字段进行求和、求平均值等。分类汇总执行"数据"选项卡的"分级显示"组的功能实现。

5. 数据透视

Excel 提供强有力的数据透视功能,数据透视是依据用户的需要,从不同的角度在列表中提取数据,重新拆装组成新的表。它不是简单的数据提取,而是伴随着数据的统计处理。数据透视执行"插入"选项卡的"表格"组的功能实现。

实例(1)　制作如图 2-2 所示的"学生成绩册"工作表

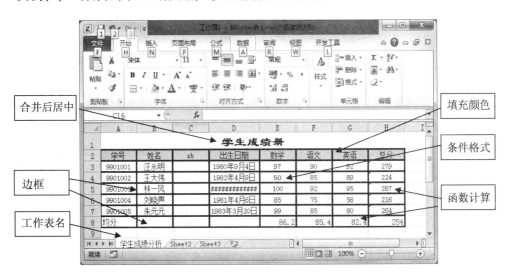

图 2-2

主要操作步骤:

(1) 启动 Excel,在当前工作表 sheet1 中,输入表 2-1 内容

表 2-1

学号	姓名	出生日期	数学	语文	英语	总分
9901001	汪永明	1980/09/04	97	90	92	
9901002	王大伟	1982/04/09	50	85	89	
9901003	林一风	1980/11/10	100	92	95	
9901004	刘晓声	1981/04/06	85	75	56	
9901005	朱元元	1983/03/20	99	85	80	

注:学号是数字字符值,第一行应输入"9901001",其它行学号,利用填充柄自动输入。

（2）在"姓名"与"出生日期"之间插入"性别"列。选择"出生日期"所在的 C 列或 C 列上任意一单元格,执行"开始"、"单元格"、"插入"、"插入工作表列"命令。然后在 C 列分别输入标题及性别。

（3）计算每个学生三门课程总分。选择数值区域及"总分"列（即区域 E2：H6）,执行"开始"、"单元格"、"编辑"组中的自动求和按钮,便可在空列自动计算总分（实际上,在空列自动生成公式,如 H2 单元格的公式为"＝SUM(E2:G2)"）。

注:本例也可利用简单公式计算学生总分,在单元格 H2 中输入"＝E2＋F2＋G2",其它行利用填充柄自动复制公式即可。

（4）使用求平均值函数求各门课程平均分。选择单元格 E7,单击编辑栏上插入函数按钮 fx,选择"常用函数"AVERAGE,检查数据区引用正确后,单击"确定"即可。使用填充柄复制单元格 E7 中公式至 F7,G7 中。

说明:在 AVERAGE 函数对话框中,单击 Numberl 框右边的按钮,缩小对话框,以便选择数据区参数,参数选取完成后,单击被缩小的 AVERAGE 参数对话框的右边按钮,才能完成公式的输入。

（5）给表格加标题"学生成绩册"。选择第一行,执行"开始"、"单元格"、"插入"下拉列表中的"插入工作表行"命令,增加空行,在 A1 单元格中输入标题内容,选择单元格区域 A1：H1,单击"对齐方式"组中"合并后居中"按钮。

（6）选择单元格区域 A1：H1,选择"开始"选项卡,启动"字体"对话框,设置字体为隶书,字形为加粗,字号为 18。选择表格头信息,即 A2：H2 单元格区域,单击"字体"组中"填充颜色"按钮,设置单元格主题颜色为灰色－25％、背景 2、深色 10％。

（7）选择 E3：G7 单元格区域,执行"开始"、"样式"、"条件格式"功能,设置小于60 分,显示红色、加粗。

（8）设置日期显示格式。选择单元格区域 D3：D7,选择"开始"选项卡,启动

"字体"对话框,选择"分类"中"日期",并在"类型"中选择类型"2012 年 3 月 14日"。

说明:若 D 列中出现"＃＃＃＃＃＃",调整 D 列列宽使其足够宽,以便显示新格式的数据。

(9) 选择单元格区域 A2:H8,执行"开始"、"字体"、"边框"下拉列表中的"其他边框"命令,在"样式"中选择线型后,单击"外边框"、"内部"按钮。

(10) 双击 sheet1 工作表标签,输入工作表名称"学生成绩分析"。

(11) 保存工作簿为"学生成绩.XLSX"。

实例(2)　制作如图 2-3 所示成绩分析及图表

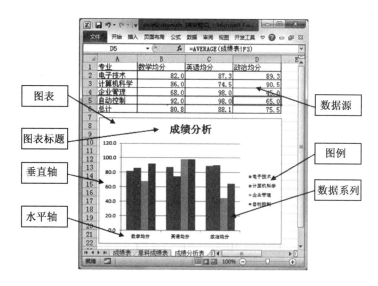

图 2-3

主要操作步骤:

(1) 打开实验素材"excel2.xlsx"工作簿;

(2) 根据工作表"成绩表"数据,在工作表"成绩分析表"中统计各专业各门成绩均分。

选择工作表"成绩分析表",选择 B2 单元格,单击编辑栏上插入函数按钮 fx,选择"常用函数"AVERAGE,在函数对话框中,单击 Number1 右边的按钮,折叠对话框,此时单击工作表"成绩表"标签,显示出成绩表数据,按住 Ctrl 键,分别选择单元格 D6 及单元格区域 D8:D9,单击被缩小的参数对话框的右边按钮,以展开对话框,再单击"确认"。

利用填充柄复制 B2 公式到 C2、D2 单元格,统计英语和政治均分。

重复以上步骤,统计其它专业及所有专业各门课程均分。

(3) 选择统计结果单元格区域 B2:D6,执行"开始"、"数字"功能,设置均分统计值保留一位小数;

(4) 生成图表。

选择 A1:D5 单元格区域,选择"插入"选项卡,启动"图表"对话框,选择"簇状柱形图",插入图表。

在"图表工具"的"设计"选项卡中,使用"数据"组功能,可以重新修改图表数据源及系列产生在"行"或"列"。使用"图表样式"组功能,可以重新修改图表样式。使用"位置"组功能,可以将生成的图表作为独立的工作表存放。

单击图表,即选定了图表,此时图表边框上有 8 个标识点,拖曳鼠标移动图表至适当位置。将鼠标移至标识点,拖曳鼠标改变图表大小。

(5) 设置图表格式。

选择图表,显示"图表工具"、"格式"选项卡,在当前所选内容组中,选择"图标标题",在图表上方添加标题"成绩分析"。

选择水平(类别)轴,选择"开始"选项卡,使用"字体"组功能,设置坐标轴字体大小为8。

选择图例,选择"开始"选项卡,使用"字体"组功能,设置图例字体大小为8。

(6) 保存工作簿为"学生成绩分析.XLSX"。

实例(3) 制作如图 2-4 所示学生成绩评定表

将"成绩表"按多关键字进行排序,并利用高级筛选功能筛选各科不及格的学生记录。复制"单科成绩"工作表,对其进行分类汇总,统计各专业均分,并对其进行数据透视,在生成的数据透视表中,根据学生总分评定为"合格"或"不合格",如图 2-4 所示。

主要操作步骤:

(1) 打开实验素材"excel3.xlsx"工作簿。

(2) 排序"成绩表"工作表:按总分从高到低排序,总分相同时,按"数学"从高到低排列。

选择工作表"成绩表",选定数据清单任一单元格,执行"开始"、"编辑"、"排序和筛选"中的"自定义排序"功能,在"主要关键字"中选择"总分",设置为"降序";

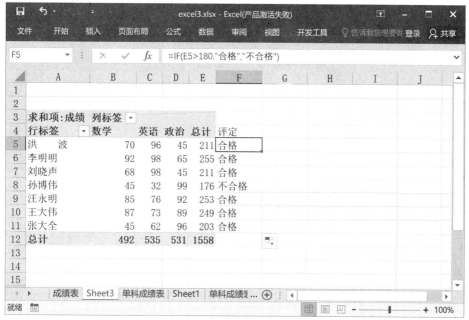

图 2-4

单击"添加条件"按钮,在增加的"次要关键字"中选择"数学成绩",设置为"降序";最后"确认"。

(3) 筛选出成绩不及格的所有学生成绩。

选择工作表"成绩表",首先设置筛选条件区域:在 A22、B22、C22 单元格分别输入"数学成绩"、"英语成绩"、"政治成绩"筛选字段名,在 A23、B24、C25 单元格分别输入"<60"、"<60"、"<60"筛选条件(不同行上的条件,表示各条件之间是或者的关系)。

然后,选定数据区任意一单元格,执行"数据"、"排序和筛选"、"高级筛选"命令,选择"将筛选结果复制到其他位置"方式,单击条件区域文本框,选择单元格区域 A22:C25,单击"复制到"文本框,选择单元格 A27,单击"确认"。

(4) 复制工作表"单科成绩表"。

选择"单科成绩表"工作表标签,按住 Ctrl 键,拖曳鼠标,复制生成新工作表"单科成绩表(2)"。

(5) 分类汇总"单科成绩表(2)"表,统计各专业均分。

选择"单科成绩表(2)"工作表,首先按分类字段"专业"进行排序(步骤略),再执行"数据"、"分级显示"、"分类汇总"命令,选择分类字段为"专业"、汇总方式为"平均值"、汇总项为"成绩",单击"确认"后,显示汇总结果。

(6) 对学生成绩进行数据透视。

选择"单科成绩表"工作表任意一单元格,执行"插入"、"表格"、"数据透视表"命令,在显示的对话框中,单击"确认"。在数据透视表工具栏上,把"姓名"拖至列区、"课程"拖至行区、"成绩"拖至数据区。

(7) 在生成的数据透视表中,评定学生成绩。

在 F4 单元格中,输入"评定",在 F5 单元格中输入公式"=IF(E5>180,"合格","不合格")"。

利用单元格复制功能,生成其他行公式。

(8) 将工作簿另存为"成绩评定. XLSX"。

实验 3　PowerPoint 常用功能及应用实例

PowerPoint2016 是专门用来制作演示文稿的应用软件,利用它制作集文字、图形、图像、声音以及视频剪辑等多媒体于一体的演示文稿。

3.1　演示文稿的创建和编辑

PowerPoint 演示文稿由一系列幻灯片组成,PowerPoint 有普通视图、大纲视图、幻灯片浏览视图、备注页视图和阅读视图。

1. 创建演示文稿

启动 PowerPoint 后,系统提供最近使用的演示文稿列表便于用户打开已有演示文稿,同时提供"空白演示文稿"、"欢迎使用 PowerPoint"等演示文稿模板,以便用户根据现有演示文稿模板(也可登录网站获取网上模板)新建含有模板演示文稿内容及格式的文档,提高工作效率。在 PowerPoint 界面中,也可单击"文件"按钮,执行弹出的"新建"功能,打开或创建新的 PowerPoint 演示文稿。

2. 插入幻灯片

插入一张新幻灯片,系统提供的版式有"标题幻灯片"、"标题与内容"、"节标题"等。幻灯片版式包含多种组合形式的文本和对象占位符,文本占位符中可输入标题、副标题和正文内容,对象占位符用于添加表格、图片、图表、声音和视频等。插入幻灯片通过执行"开始"选项卡的"幻灯片"组的功能实现。

3. 编辑幻灯片

编辑幻灯片一般在普通视图下进行,在文本占位符的位置上输入文字,在对象占位符的位置上插入相应的对象。在幻灯片中,也可直接插入文本框、图片、表格、图表、声音、视频和 SmartArt 图形等,并可通过相应的工具中"格式"选项卡中的功能设置其格式。

4. 更改幻灯片次序

在普通视图的幻灯片或大纲窗口中,拖动幻灯片图标到新的位置,或在幻灯片浏览视图中,拖动幻灯片到新的位置。

5. 复制和删除幻灯片

在普通视图的幻灯片或大纲窗口中,选定幻灯片后,利用剪贴板功能即可实现幻灯片的复制。按 DEL 键便可删除选定的幻灯片。

6. 保存演示文稿

默认情况下,保存为 Office2016 的 PowerPoint 演示文稿(∗. pptx),也可保存为其它文件格式,如可直接放映的放映文件(∗. ppsx)等。

3.2　外观设计

PowerPoint 提供了主题和背景等设计,通过它们可以设置演示文稿的外观。此外,还可以使用母版使幻灯片具有一致的外观。

1. 应用主题

主题是一组设置好的字体、颜色、外观效果的设计方案,可以应用于已有演示文稿,从而快速地改变演示文稿的外观。PowerPoint 提供了几十种内置的风格各异的主题,用户也可以自定义主题的颜色、字体和效果。主题通过执行"设计"选项卡的"主题"组的功能实现。

2. 背景设置

幻灯片的背景可以是颜色、纹理、图案和图片。同一演示文稿中的可以使用同一种背景,也可以各自使用不同的背景,但一张幻灯片只能使用一种背景。背景设置通过执行"设计"选项卡的"自定义"组的功能实现。

3. 母版设置

PowerPoint 有三母版:幻灯片母版、讲义母版和备注母版。幻灯片母版为快速设计统一风格、插入相同对象演示文稿的幻灯片提供了方便。幻灯片母版由一整套版式组成,其中第一个最大的幻灯片称为母版幻灯片。在母版幻灯片上修改对象格式或插入新的对象,则会影响幻灯片母版中其它所有版式。如在母版幻灯片上插入一个图片,则所有版式上都会显示这张图片。

幻灯片母版中的各版式都包含文本占位符和页脚(如日期、时间和幻灯片编号)占位符。当修改幻灯片母版中的版式后,演示文稿中使用相应版式的幻灯片自动修改。母版设置通过执行"视图"选项卡的"母版视图"组的功能实现。

3.3　动画设置及超级链接

幻灯片中不仅能够播放声音和视频等多媒体对象,而且能够设置幻灯片切换、

文字、图片等对象的动画效果,还可以在幻灯片中增加超级链接,增强幻灯片放映时的多媒体效果。

1. 幻灯片切换

设置放映时幻灯片切换到下一张幻灯片的切换方式、效果、切换速度、切换声音及设置换片方式:单击鼠标切换和(或)自动换片时间。幻灯片切换效果通过执行"切换"选项卡的"切换到此幻灯片"、"计时"组的功能实现。

2. 动画

设置放映时幻灯片中各个对象(如文本框、图表、图片等)的动画效果。包括进入效果、强调效果、退出效果和动作路径等,如设置文本框对象的文字动画效果为"自左侧飞入"并伴有"风铃"声,"按字/词"发送。动画效果通过执行"动画"选项卡的"动画"、"高级动画"和"计时"组的功能实现。

3. 超链接

在演示文稿中可为文字、图片等对象设置超级链接,通过超级链接跳转到不同的幻灯片位置或链接到 Internet 上的任意 URL 地址。超链接通过执行"插入"选项卡的"链接"组的功能实现。

4. 动作设置

在幻灯片中,可插入动作按钮或选择文字、图片等对象,为其设置超链接。插入动作按钮通过执行"插入"选项卡的"插图"组的"形状"功能实现。为文字、图片等对象设置超链接通过执行"插入"选项卡的"链接"组的"动作"功能实现。

3.4 幻灯片放映及打印

1. 自定义幻灯片放映

利用自定义放映功能,可以对不同的观众选择演示文稿中的部分幻灯片进行放映,而不必建立一个内容相似的演示文稿。自定义幻灯片放映通过执行"幻灯片放映"选项卡的"开始放映幻灯片"组的功能实现。

2. 设置幻灯片放映

放映类型有"演讲者放映(全屏幕)"、"观众自行浏览(窗口)"和"在展台浏览(全屏幕)"三种方式。一般经常使用第一种方式,在这种方式下,演讲者具有完全的控制权,可以暂停放映,可以改变顺序放映而跳转到任意一张幻灯片进行放映。可以设置"循环放映,按 ESC 键终止"的全自动放映方式,但此时幻灯片换页方式需设置为自动延时切换。设置幻灯片放映通过执行"幻灯片放映"选项卡的"设置"

组的功能实现。

3. 启动幻灯片放映

执行"幻灯片放映"选项卡"开始放映幻灯片"组的"从头开始"、"从当前幻灯片开始"功能启动幻灯片放映。也可按 F5 键,从头启动幻灯片放映,单击右下方的"幻灯片放映"按钮从当前幻灯片进行放映。

4. 打印幻灯片

打印幻灯片通过单击"文件"按钮,执行弹出的"打印"功能实现。

实例(1) 制作如图 3-1 所示的演示文稿

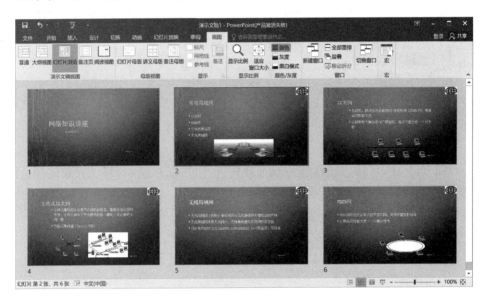

图 3-1

主要操作步骤:

(1) 启动 PowerPoint 后,在窗口中选择"空白演示文稿"选项。

(2) 单击"标题"占位符,输入"网络知识讲座",单击"副标题"占位符,输入"——常用局域网"。

(3) 执行"开始"、"新建幻灯片"命令,选择幻灯片版式为"标题和内容"。单击"标题"占位符,输入标题"常用局域网",单击项目占位符,分别输入"以太网"、"FDDI 网"、"交换式局域网"、"无线局域网"四行文字。

(4) 执行"插入"、"图片",选择图片"net. jpg",在文字下方插入图片。选择图片,拖曳鼠标移动图片至适当位置。

（5）复制演示文稿"局域网素材.ppt"中所有幻灯片,追加到演示文稿尾部。打开"局域网素材.ppt",在幻灯片区,选择所有幻灯片,并复制,切换到新建的演示文稿窗口,将插入点移至尾部,然后,执行粘贴功能。

（6）交换第 5,第 6 张幻灯片位置。在普通视图的幻灯片区,选择第 6 张幻灯片图标,拖曳鼠标至第 5 张幻灯片的位置。

（7）选择"设计"选项卡,在"主题"组中选择系统内置的"电路"主题,便可看到设计效果。

（8）执行"插入"、"文本"、"页眉和页脚"命令,选择"自动更新"日期及"幻灯片编号",单击"全部应用"按钮。

（9）执行"视图"、"幻灯片母版"命令,在右上角插入图片"log.jpg"(步骤略)。

当完成母版设置后,执行"幻灯片母版"、"关闭"、"关闭母版视图"功能,切换到幻灯片普通览视图,这时,会发现设置的格式已经应用到除标题幻灯片外的所有幻灯片上了。

（10）执行"幻灯片放映"、"开始放映幻灯片"、"从头开始"命令,开始放映。

（11）保存演示文稿"网络知识讲座.pptx"。

实例（2） 设置幻灯片动画效果及超级链接

打开演示文稿"网络知识讲座.pptx",设置首张幻灯片背景填充效果为"水滴",在第二张幻灯片中,设置超链接指向对应幻灯片,在第四张幻灯片中,设置文字的自定义动画效果,在最后一张幻灯片中,设置背景音乐,并创建"动作按钮"指向第一张幻灯片,设置所有幻灯片切换效果为"百叶窗",单击鼠标或每隔 2 秒自动换页。

主要操作步骤:

（1）打开实验素材文件夹中演示文稿"网络知识讲座.pptx"。

（2）设置首页幻灯片的背景的填充效果为"水滴"。

选中第 1 张幻灯片,执行"设计"、"自定义"、"设置背景格式"命令,系统弹出背景格式窗格,选择"图片或纹理填充",单击"纹理",在弹出的对话框中选择"水滴",单击"关闭"。

（3）为第 2 张幻灯片建立超级链接,分别链接到相应标题的幻灯片。

选择第 2 张幻灯片中的"以太网",单击右键,在弹出的菜单中选择"超链接",在"插入超链接"对话框中,单击"本文档中的位置",选择"3. 以太网",单击"确定"

按钮,便为第 2 张幻灯片中的文字"以太网"建立了超链接(建立超链接后,文字改变了颜色)。

(4) 同样方法,为"交换式以太网"、"FDDI 网"、"无线局域网"建立超级链接。

(5) 使用"动画"组功能设置第 4 张幻灯片动画效果。

选择第 4 张幻灯片要添加动画的文本框,选择"动画"选项卡,在"动画"组中选择"飞入"。启动"效果选项"按钮,设置动画效果为左侧切入,伴有打字机声音。

(6) 为最后一张幻灯片配上背景音乐。

选择最后一张幻灯片,执行"插入"、"媒体"、"音频"、"PC 上的音频"命令,在"插入音频"对话框中,选择要插入的声音文件 music. mid,单击"确定"。

(7) 为最后一张幻灯片建立动作按钮,链接到第一张幻灯片。

执行"插入"、"插图"、"形状"命令,在"动作按钮"中选择"开始"按钮,打开"动作设置"对话框,选择超链接到第一张幻灯片。

(8) 设置所有幻灯片切换效果。

选择任意一张幻灯片,选择"切换"选项卡,在"切换到此幻灯片"组中选择"百叶窗","计时"组中,选择换页方式为"单击鼠标时"和自动换片时间为"00:02",单击"全部应用"。

(9) 演示文稿另存为"网络知识讲座终稿. pptx"。

实验 4　Access 常用功能及应用实例

Access 2016 是 Microsoft 公司推出的桌面关系型数据库系统,提供了一个数据管理工具包和应用程序的开发环境,主要适合于小型数据库系统的开发。它提供表、查询、窗体、报表等对象形式,直观方便地对数据库数据进行维护和存取。

4.1　数据库的创建和修改

1. 新建空数据库

启动 Access 数据库,选择"空白数据库"选项,建立数据库。若已经进入 Access,可单击"文件"按钮,再执行"新建"菜单功能。选择保存位置并输入数据库名(Access 2016 版的数据库扩展名为. accdb),单击"创建"。

2. 新建表结构

打开数据库,执行"创建"、"表格"、"表设计"功能,打开表设计视图。在表设计视图窗口,输入表字段名称,选择数据类型,设置字段属性。必要时可为表设置主键。

3. 修改表结构

右击要修改的表,在弹出的菜单中,执行"设计视图"功能,或双击要修改的表,再执行"开始"、"视图"、"设计视图"功能,打开表设计视图进行修改。

4. 输入数据

双击表,进入数据表视图,在此视图中,输入修改记录数据。

5. 导入数据表

执行"外部数据"、"导入并链接"、"Excel"或"Access"功能,可导入 Excel 格式数据表或其他 Access 数据库表。

6. 建立表间关系

执行"数据库工具"、"关系"、"关系"功能,再在"关系工具"中单击"显示表"功能,弹出显示表对话框,单击表选项卡,选择要添加的表,在关系窗口中建立表间各种关系。

4.2　数据库的查询

1. 常数、运算符、函数及表达式

Access 中建立查询,常常需要使用表达式,而表达式由常数、函数和运算符组成。如查询输出列为数据库表字段的运算表达式,查询条件为一个逻辑表达式。

(1) 常数的表示

在 Access 中用英文的引号表示文本常量、用♯号表示日期常量,数值直接使用,字段名需要用方括号括起来。如"CC112"、♯2005−06−10♯、60、[姓名]分别表示文本、日期、数值和字段名。

(2) 运算符

运算符有算术运算符、字符运算符、关系运算符、逻辑运算符和特殊运算符。

算术运算符、字符运算符、关系运算符、逻辑运算符与 VBA 语言类似。查询条件中还包括一类特殊运算符:

In,用于指定一个列表,并判断查询值是否包含其中;

Between,用于判断查询值的范围,范围之间用 AND 连接;

Like,用于指定文本字段查询值的字符模式。在字符模式中,用"?"表示可匹配任何一个字符,用"＊"表示可匹配任何多个字符,用"♯"表示可匹配任何一个数字,用方括号表示可匹配其中描述的字符范围;

Is null,用于判断查询值为空值;

Is not null,用于判断查询值为非空值。

(3) 函数

Access 提供了大量的内置函数,如算术函数、字符函数、日期/时间函数、统计函数等。函数的格式和功能,可以通过 Access 帮助查询。

2. 查询设计视图

查询设计视图是 ACCESS 提供的直观的查询设计界面,可实现表的更新、追加、删除及选择查询等。切换到数据表视图查看查询结果,切换到 SQL 视图查看对应的 SQL 语句。

3. 多表查询

查询可添加多个表,一般需指定表间的关系(拖放字段到对方表相应字段上即可)。若在数据库关系中已设定,则在添加表时,自动建立默认关系。

4. 条件设置

在查询设计视图"条件"行,可输入多个查询条件,同行内的条件为"并且"关系,不同行条件为"或者"关系。

5. 汇总查询

在查询设计视图中,单击工具栏∑按钮,可设计汇总查询,如求和、平均值、最小值、最大值、计数等。在汇总时,一般需指定汇总的分组,汇总的结果也可在条件行相应的位置加上条件对汇总结果进行筛选。

6. 查询结果导出

选择查询对象,执行"外部数据"、"导出"功能,可将查询结果导出为其它文件格式形式,如 Excel 等。

实例(1)　在数据库"test. accdb"中,查询 WORD、EXCEL 低分的学生成绩

查询"WORD"得分均小于 10 分或"EXCEL"得分小于 10 分的学生名单,要求输出学号、姓名、WORD、EXCEL。

主要操作步骤:

(1) 打开"test. accdb",执行"创建"、"查询"组的"查询设计"命令。

(2) 选择表"学生"、"成绩",并将"学生"表"学号"字段拖放到"成绩"表的"学号"字段上,建立表之间关系。

(3) 按图 4-1,选择输出字段,设置条件(WORD,EXCEL 条件需填"<"在不同行上)。

(4)执行并保存查询。

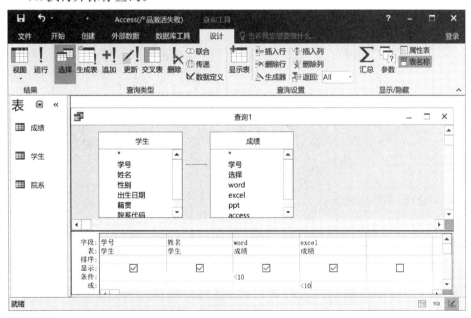

图 4-1

实例(2) 在数据库"test. accdb"中,查询学生合格成绩。

查询所有成绩合格("成绩"大于等于 60 分且"选择"得分大于等于 24 分)的学生,要求输出学号、姓名、成绩。

主要操作步骤:

(1) 打开"test. accdb",执行"创建"、"查询"组的"查询设计"命令。

(2) 选择表"学生"、"成绩",并按"学号"建立表之间关系。

(3) 按图 4-2,选择输出字段("选择"不显示),设置条件(两条件需填在同一行上)。

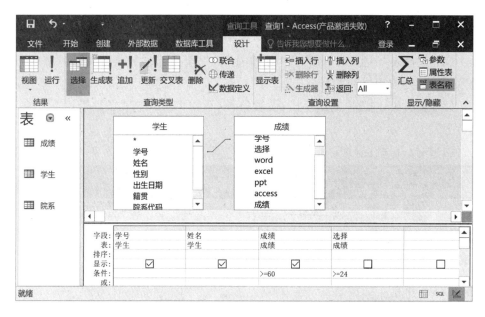

图 4-2

(4) 执行并保存查询。

实例(3) 在数据库"test. accdb"中,查询学生成绩合格人数。

查询各院系学生成绩合格("成绩"大于等于 60 分且"选择"得分大于等于 24 分)的人数,要求输出院系名称、人数。

主要操作步骤:

(1) 打开"test. accdb",执行"创建"、"查询"组的"查询设计"命令。

（2）选择表"学院"、"学生"、"成绩"，并分别按"院系代码"、"学号"建立表之间关系。

（3）单击工具栏∑按钮，显示出"总计"行。

（4）按图 4-3，选择所需字段，并在"总计"行，分别为"院系名称"设置"Group By"，为"学号"设置"计数"及标题，为"成绩"、"选择"设置"条件"。在"显示"及"条件"行，参照图设置。

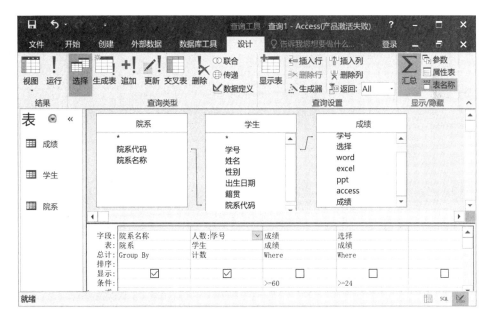

图 4-3

（5）执行并保存查询。

实例（4） 在数据库"test. accdb"中，查询成绩均分在 80 分以上的院系。

查询成绩均分在 80 分以上的院系，要求输出院系代码、院系名称、成绩均分。

主要操作步骤：

（1）打开"test. accdb"，执行"创建"、"查询"组的"查询设计"命令。

（2）选择表"学院"、"学生"、"成绩"，并分别按"院系代码"、"学号"建立表之间关系。

（3）单击工具栏∑按钮，显示出"总计"行。

（4）按图 4-4，选择所需字段，并在"总计"行，分别为"院系代码"、"院系名称"

设置"Group By",为"成绩"设置"平均值"。在"条件"行,设置 ">80"的条件。

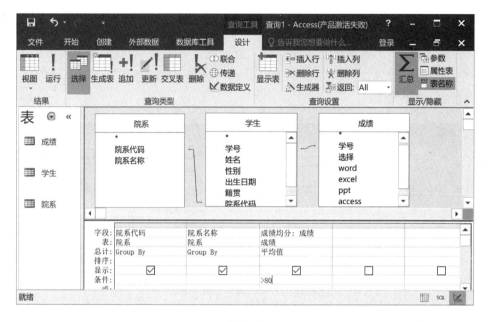

图 4-4

（5）执行并保存查询。

提高篇

第1章　数据结构与算法

1.1　算　　法

【本节要点】

1. 算法：是指解题方案的准确而完整的描述。

算法不等于程序，也不等于计算方法，程序的编制不可能优于算法的设计。

2. 算法的基本特征：(1)可行性；(2)确定性；(3)有穷性；(4)拥有有效的输出。

3. 算法的基本要素：(1)数据对象的运算和操作；(2)算法的控制结构。

基本运算和操作包括：算术运算、逻辑运算、关系运算、数据传输。

算法的控制结构：顺序结构、选择结构、循环结构。

4. 算法基本设计方法：列举法、归纳法、递推、递归、减半递推技术、回溯法。

5. 算法复杂度：(1)时间复杂度；(2)空间复杂度。

算法时间复杂度是指执行算法所需要的计算工作量。

算法空间复杂度是指执行这个算法所需要的内存空间。

【例题分析】

1. 算法的时间复杂度是指_____。

　　A. 执行算法程序所需要的时间

　　B. 算法所处理的数据量

　　C. 算法执行过程中所需要的基本运算次数

　　D. 算法程序中的语句或指令条数

分析：算法的复杂度与所用的计算机、程序设计语言以及程序编写无关，算法的时间复杂度用在执行过程中所需基本运算的执行次数来度量。

答案：C

2. 算法的空间复杂度是指_____。

　　A. 算法在执行过程中所需要的计算机存储空间

    B. 算法所处理的数据量

    C. 算法在执行过程中所需要的临时工作单元数

    D. 算法程序中的语句或指令条数

分析：算法的空间复杂度是指执行算法所需要的内存空间,包括算法程序所占的空间、输入的初始数据所占空间和执行过程中所需要的额外空间。

答案：A

3. 算法分析的目的是_____。

    A. 找出数据结构的合理性

    B. 找出算法中输入和输出之间的关系

    C. 分析算法的易懂性和可靠性

    D. 分析算法的效率以求改进

分析：算法分析是指对一个算法的运行时间和占用空间做定量的分析,一般计算出相应的数量级,常用时间复杂度和空间复杂度表示。分析算法的目的就是要降低算法的时间复杂度和空间复杂度,提高算法的执行效率。

答案：D

4. 算法的有穷性是指_____。

    A. 算法程序的运行时间是有限的

    B. 算法程序所处理的数据量是有限的

    C. 算法程序的长度是有限的

    D. 算法只能被有限的用户使用

分析：算法有穷性是指算法必须能在有限的时间内执行完,即算法必须在执行有限个操作步骤之后终止,简单的说就是没有死循环。

答案：A

1.2　数据结构的基本概念

【本节要点】

1. 数据结构是指带有结构的数据元素的集合。

2. 数据结构研究的三个方面：

(1) 数据集合中各数据元素之间所固有的逻辑关系,即数据的逻辑结构;

(2) 在对数据进行处理时,各数据元素在计算机中的存储关系,即数据的存储结构；

（3）对各种数据结构进行的运算。

3. 数据的逻辑结构：反映数据元素之间的逻辑关系，包含：

（1）表示数据元素的信息；

（2）表示各数据元素之间的前后件关系。

4. 数据的存储结构：数据元素在计算机存储空间中的位置关系。

常用的存储结构有顺序、链接、索引等存储结构。

5. 线性结构条件：

（1）有且只有一个根结点；

（2）每一个结点最多有一个前件，也最多有一个后件。

6. 非线性结构：不满足线性结构条件的数据结构。

【例题分析】

1. 数据的存储结构是指_____。

    A. 数据所占的存储空间量

    B. 数据在计算机存储空间中的位置关系

    C. 数据在计算机中的顺序存储方式

    D. 存储在外存中的数据

分析：用计算机处理各类数据时，被处理的数据元素总是被存放在计算机的存储空间中，各数据元素在计算机存储空间中的位置关系与它们的逻辑关系不一定是相同的。数据的存储结构是指数据在计算机存储空间中的存放形式。

答案：B

2. 下列叙述中正确的是_____。

    A. 一个逻辑数据结构只能有一种存储结构

    B. 数据的逻辑结构属于线性结构，存储结构属于非线性结构

    C. 一个逻辑数据结构可以有多种存储结构，且各种存储结构不影响数据处理的效率

    D. 一个逻辑数据结构可以有多种存储结构，且各种存储结构影响数据处理的效率

分析：数据的逻辑结构是指反映数据元素之间逻辑关系的数据结构。例如，线性表、栈、队列、二叉树可以用来表示数据的逻辑结构。数据的逻辑结构在计算机存储空间中的存放形式称为数据的存储结构，也称为数据的物理结构。例如常

用的存储结构有顺序、链式、索引存储结构。一般来说,一个逻辑数据结构根据需要可以表示成多种存储结构,例如线性表可以是顺序存储,用一维数组存放线性表;线性表也可以采用链式存储结构,称为线性链表。从顺序存储与链式存储的不同特点可知,采用不同的存储结构,其数据的处理效率是不同的。

答案: D

3. 下列数据结构中,属于非线性结构的是_____。

    A. 循环队列   B. 带链队列   C. 二叉树   D. 带链栈

分析: 树均是非线性结构,队列和栈是线性结构。

答案: C

1.3　线性表及其顺序存储结构

【本节要点】

1. 线性表是由 n 个数据元素 a_1, a_2, …, a_n 组成的一个有限序列,数据元素的位置只取决于自己的序号,元素之间的相对位置是线性的。

在复杂线性表中,由若干数据项组成的数据元素称为记录,而由多个记录构成的线性表又称为文件。

一维向量、矩阵、矩阵中的一个行向量、矩阵中的一个列向量、某班学生情况登记表等都可以看成是一个线性表。

2. 非空线性表的结构特征:

(1) 有且只有一个根结点 a_1,它无前件;

(2) 有且只有一个终端结点 a_n,它无后件;

(3) 除根结点与终端结点外,其他所有结点有且只有一个前件,也有且只有一个后件。结点个数 n 称为线性表的长度,当 $n=0$ 时,称为空表。

3. 线性表的顺序存储结构具有以下两个基本特点:

(1) 线性表中所有元素所占的存储空间是连续的;

(2) 线性表中各数据元素在存储空间中是按逻辑顺序依次存放的。

在程序设计语言中,通常定义一个一维数组来表示线性表的顺序存储空间。

4. 线性表的主要运算:插入、删除、查找、排序、分解、合并、复制、逆转等。

【例题分析】

1. 下列叙述中正确的是_____。

A. 数组是线性结构   B. 栈与队列是非线性结构

C. 链表都是线性结构   D. 二叉树是线性结构

分析：数组、栈和队列是在程序设计中被广泛使用的三种线性数据结构,由 n 个数据元素 a_1, a_2, $\cdots$, a_n 组成的一个有限序列,数据元素的位置只取决于自己的序号,元素之间的相对位置是线性的。在二叉树中,一个结点可以有 2 个后件,所以二叉树不是线性结构。在链表中,结点的指向是多样的,可以是线性结构,也可以是非线性结构,例如完全可以用链表来存储二叉树。

答案：A

2. 假设 n 个数据元素 a_1, a_2, $\cdots$, a_n 组成一个有限序列,采用顺序存储结构,已知 $ADR(a_1)$ 为元素 a_1 的地址,k 代表每个元素占的字节数,则 a_i 的存储地址为_____。

   A. $ADR(a_i) = ADR(a_1)$

   B. $ADR(a_i) = ADR(a_1) + (i-1) * k$

   C. $ADR(a_i) = ADR(a_1) + k$

   D. $ADR(a_i) = ADR(a_1) + i * k$

分析：$ADR(a_1)$ 为第 1 个元素 a_1 的地址,且每个元素占用 k 字节数,所以,第 2 个元素 a_2 的存储地址为 $ADR(a_1) + k$,第 3 个元素 a_3 的存储地址为 $ADR(a_1) + 2 * k$,以此推导出 a_i 的存储地址为 $ADR(a_1) + (i-1) * k$。

答案：B

1.4 栈和队列

【本节要点】

1. 栈是限定在一端进行插入与删除的线性表,允许插入与删除的一端称为栈顶,不允许插入与删除的另一端称为栈底。

2. 栈按照"先进后出"(FILO)或"后进先出"(LIFO)的原则组织数据,栈具有记忆作用。用 top 指针指向栈顶位置,用 bottom 指针指向栈底。

3. 栈的基本运算：

(1) 入栈运算：top 指针＋1,在栈顶位置插入一个元素,预防栈满;

(2) 退栈运算：在栈顶位置取出一个元素,top 指针－1,预防栈空;

(3) 读栈顶元素：在栈顶位置取出一个元素,top 指针无变化,预防栈空。

4. 队列是指允许在一端(队尾)进行插入,而在另一端(队头)进行删除的线性表。rear 指针指向队尾元素,front 指针指向队头元素的前一个位置。

5. 队列是"先进先出"(FIFO)或"后进后出"(LILO)的线性表。

6. 队列运算包括

(1) 入队运算:rear 指针+1,从队尾插入一个元素;

(2) 退队运算:front 指针+1,从队头删除一个元素。

7. 循环队列:逻辑上环状的队列。

初始循环队列:s=0 且 rear=front=m,m 表示队列长度;

队列空:s=0;

队列满:s=1 且 front=rear。

【例题分析】

1. 在一个循环队列中,_____表示队列满。

    A. 仅 rear=front   B. 仅 s=0

    C. 仅 s=1   D. s=1 且 front=rear

分析:rear 和 front 分别表示队尾和队头的指针,在一个循环队列中,当 rear=front 时,表示队头和队尾重合,这时或许是队列空,或许是队列满,因此仅凭 rear=front 无法区分这 2 种情况。增加了参数 s,来区分它们,s=0 表示队列空,s=1 且 front=rear 表示队列满。

答案:D

2. 下列关于队列与栈的叙述中,正确的是_____。

    A. 栈是先进先出   B. 队列是先进后出

    C. 栈在栈顶删除元素   D. 队列在队尾删除元素

分析:栈和队列是在程序设计中被广泛使用的两种线性数据结构。从"数据结构"的角度看,它们都是线性结构,即数据元素之间的关系相同。但它们是完全不同的数据类型,主要区别是对插入和删除操作的"限定",栈(Stack)是限定只能在栈顶进行插入和删除操作的线性表。队列(Queue)是限定只能在队尾进行插入和在队头进行删除操作的线性表。

答案:C

3. 栈底至栈顶依次存放有元素 A、B、C、D,在第 5 个元素 E 入栈前,栈中元素可以出栈,则出栈序列可能的是_____。

    A. ABCED   B. DBCEA   C. CDABE   D. DCBEA

　　分析：不管元素 E 何时入栈，A、B、C、D 的出栈顺序一定是 DCBA，E 可以位于这个序列中的任意位置，所以选项中只有 DCBEA 符合。

　　答案：D

　　4. 下列数据结构中，能够按照"先进后出"原则存放数据的是＿＿＿＿＿＿＿。

　　　　A. 循环队列　　B. 栈　　　　　　C. 二叉树　　　　D. 队列

　　分析：栈是先进后出或后进先出的线性表，队列是先进先出的线性表。

　　答案：B

　　5. 对于循环队列，下列叙述中正确的是＿＿＿＿＿＿＿。

　　　　A. 队头指针是固定不变的

　　　　B. 队头指针一定大于队尾指针

　　　　C. 队头指针一定小于队尾指针

　　　　D. 队头指针可以大于队尾指针，也可以小于队尾指针

　　分析：如果队头指针大于队尾指针说明队列已经循环存放数据了，如果队头指针小于队尾指针说明没有进行循环存放。

　　答案：D

　　6. 设循环队列的存储空间为 $Q(1:30)$，初始状态为 front＝rear＝30。现经过一系列入队与退队运算后，front＝16，rear＝15，则循环队列中的元素个数为＿＿＿＿＿＿＿。

　　　　A. 15　　　　　B. 16　　　　　C. 20　　　　　D. 29

　　分析：通过题干的描述可知此循环队列共 30 个空间，另外队尾指针 rear 的值小于队头指针 front 的值，所以利用公式（rear－front＋30）％ 30＝29，可知此循环队列的元素个数为 29。

　　答案：D

　　7. 下列叙述中正确的是＿＿＿＿＿＿＿。

　　　　A. 栈是一种先进先出的线性表

　　　　B. 队列是一种后进先出的线性表

　　　　C. 栈与队列都是非线性结构

　　　　D. 以上三种说法都不对

　　分析：栈和队列都是线性结构，但栈是后进先出，队列是先进先出，所以三种说法都不对。

　　答案：D

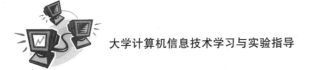

1.5 线性链表

【本节要点】

1. 数据结构中的每一个数据元素对应于一个存储单元,这种存储单元称为存储结点,简称结点。

2. 在链式存储方式中,每个结点由两部分组成:

(1) 数据域:存储数据元素值;

(2) 指针域:存放指针,用于指向前一个或后一个结点。

3. 在链式存储结构中,结点的存储空间可以不连续,各结点的存储顺序与结点之间的逻辑关系可以不一致,指针域确定了数据元素之间的逻辑关系。

4. 链式存储方式即可用于表示线性结构,也可用于表示非线性结构。

5. 线性链表:线性表的链式存储结构称为线性链表。HEAD 是头指针,HEAD=NULL(或 0)称为空表。

单链表:只能顺着指针向链尾方向寻找。

双向链表:有两指针,左指针(Llink)指向前件结点,右指针(Rlink)指向后件结点。

栈和队列都是线性表,可以采用链式存储结构。

6. 线性链表的基本运算:插入、删除、查找、排序、复制、分解、合并、逆转等。

【例题分析】

1. 下列关于线性链表的叙述中,正确的是_____。

    A. 各数据结点的存储空间可以不连续,但它们的存储顺序与逻辑顺序必须一致

    B. 各数据结点的存储顺序与逻辑顺序可以不一致,但它们的存储空间必须连续

    C. 进行插入与删除时,不需要移动表中的元素

    D. 以上三种说法都不对

分析:在链式存储方式中,存储数据结构的存储空间可以不连续,各数据结点的存储顺序与数据元素之间的逻辑关系可以不一致,而数据元素之间的逻辑关系是由指针域来确定。插入与删除结点,不需要移动表中元素,只要修改相应结点的指针值就可以。

答案：C

2. 下列叙述中正确的是_____。

　　A. 线性表的链式存储结构与顺序存储结构所需要的存储空间是相同的

　　B. 线性表的链式存储结构所需要的存储空间一般要多于顺序存储结构

　　C. 线性表的链式存储结构所需要的存储空间一般要少于顺序存储结构

　　D. 上述三种说法都不对

分析：在链式存储方式中,为了存储线性表中的一个元素,一方面要存储数据元素的值,另一方面要存储各数据元素之间的前后件关系。为此,每个存储结点由两部分组成:(1)数据域:存储数据元素值;(2)指针域:存放指针,用于指向前一个或后一个结点。在线性表的链式存储结构中,链式存储结构比顺序存储结构所需要的存储空间大。

答案：B

3. 在单链表中,增加头结点的目的是_____。

　　A. 方便运算的实现

　　B. 使单链表至少有一个结点

　　C. 标识表结点中首结点的位置

　　D. 说明单链表是线性表的链式存储实现

分析：头结点不仅标识了表中首结点的位置,而且根据单链表(包含头结点)的结构,只要掌握了表头,就能够访问整个链表,因此增加头结点目的是为了便于运算的实现。

答案：A

1.6　树与二叉树

【本节要点】

1. 树是一种简单的非线性结构,所有元素之间具有明显的层次特性。

2. 在树结构中,每一个结点只有一个前件,称为父结点,没有前件的结点只有一个,称为树的根结点,简称树的根。每一个结点可以有多个后件,称为该结点的子结点。没有后件的结点称为叶子结点。

3. 在树结构中,一个结点所拥有的后件的个数称为该结点的度,所有结点中最大的度称为树的度。树的最大层次称为树的深度。

4. 树在计算机中通常用链式存储结构。

5. 二叉树的特点：

(1) 非空二叉树只有一个根结点；

(2) 每一个结点最多有两棵子树，且分别称为该结点的左子树与右子树。

6. 二叉树的基本性质：

(1) 在二叉树的第 k 层上，最多有 $2^{k-1}(k \geqslant 1)$ 个结点；满二叉树每一层有 2^{k-1} 个结点；

(2) 深度为 m 的二叉树最多有 $2^m - 1$ 个结点；满二叉树有 $2^m - 1$ 个结点；

(3) 度为 0 的结点（即叶子结点）总是比度为 2 的结点多一个；

(4) 具有 n 个结点的二叉树，其深度至少为 $[\log_2 n] + 1$，其中 $[\log_2 n]$ 表示取 $\log_2 n$ 的整数部分；具有 n 个结点的完全二叉树的深度为 $[\log_2 n] + 1$；

(5) 设完全二叉树共有 n 个结点。如果从根结点开始，按层序（每一层从左到右）用自然数 $1, 2, \cdots, n$ 给结点进行编号（$k = 1, 2, \cdots, n$），有以下结论：

① 若 $k = 1$，则该结点为根结点，它没有父结点；若 $k > 1$，则该结点的父结点编号为 $\mathrm{INT}(k/2)$；

② 若 $2k \leqslant n$，则编号为 k 的结点的左子结点编号为 $2k$，否则该结点无左子结点（也无右子结点）；

③ 若 $2k + 1 \leqslant n$，则编号为 k 的结点的右子结点编号为 $2k + 1$，否则该结点无右子结点。

7. 满二叉树是指除最后一层外，每一层上的所有结点有两个子结点，则 k 层上有 2^{k-1} 个结点，深度为 m 的满二叉树有 $2^m - 1$ 个结点。

8. 完全二叉树是指除最后一层外，每一层上的结点数均达到最大值，在最后一层上只缺少右边的若干结点。

9. 二叉树存储结构采用链式存储结构，对于满二叉树与完全二叉树可以按层序进行顺序存储。

10. 二叉树有三种遍历方法：

(1) 前序遍历（DLR）：首先访问根结点，然后遍历左子树，最后遍历右子树；

(2) 中序遍历（LDR）：首先遍历左子树，然后访问根结点，最后遍历右子树；

(3) 后序遍历（LRD）：首先遍历左子树，然后遍历右子树，最后访问根结点。

【例题分析】

1. 下列选项中,_____不能用树结构表示。

    A. 书目录   B. 学校行政关系

    C. 算术表达式   D. 网页之间链接关系

分析:在树结构中,各元素之间具有明显的层次特性。书目录、学校行政关系或算术表达式中的各元素之间有清晰的层次关系,所以适合用树结构表示。网页之间链接关系是一种网状结构关系,没有层次性,所以不适合用树结构表示。

答案:D

2. 已知二叉树的后序遍历序列是 DEBCA,中序遍历序列是 DBEAC,它的前序遍历序列是_____。

    A. ABCDE   B. ABDEC

    C. CABDE   D. BCADE

分析:树后序遍历序列的最后一个元素应该是根结点,所以根据后序遍历序列 DEBCA 知,A 是根结点,再根据中序遍历序列 DBEAC 可以推出,DBE 是 A 的左子树,C 是 A 的右子树;中序遍历序列的 DBE,在后序遍历中序列是 DEB,与上述相同的推理知道 B 是子树的根,D 是子树的左结点,E 是子树的右结点,所以,画出二叉树如右图所示。

答案:B

3. 在深度为 5 的满二叉树中,叶子结点的个数为_____。

    A. 32   B. 31   C. 16   D. 15

分析:满二叉树的 k 层上有 2^{k-1} 个结点,深度为 5 的满二叉树中,叶子结点的个数为 $2^{5-1}=16$。

答案:C

4. 一棵二叉树共有 25 个结点,其中 5 个是叶子结点,则度为 1 的结点数为_____。

    A. 4   B. 10   C. 6   D. 16

分析:根据公式 $n_0=n_2+1$,叶子结点个数为 5,则度为 2 的结点数为 4,那么度为 1 的结点数 $n_1=n-n_0-n_2=25-4-5=16$

答案:D

1.7 查找技术

【本节要点】

1. 顺序查找的使用情况：

（1）无序的线性表；

（2）链式存储结构的线性表。

2. 顺序查找效率低。

3. 二分法查找只适用于顺序存储的有序表，对于长度为 n 的有序线性表，最坏情况只需比较 $\log_2 n$ 次。

【例题分析】

1. 下列选项中，_____适合采用二分法查找技术。

    A. 二叉树   B. 冒泡排序后的一维数组

    C. 采用链式存储结构的队列   D. 随机输入的学生成绩表

分析：二分法查找只适用于顺序存储的有序表。二叉树、随机输入的学生成绩表都可以进行顺序存储，但不能保证是有序表。链式存储结构不是一种顺序存储结构，故不适合二分法查找。排序后的一维数组一定是按顺序存储的有序表，所以适合采用二分法查找技术。

答案：B

2. 对长度为 N 的线性表进行顺序查找，在最坏情况下所需要的比较次数为_____。

    A. $N+1$ B. N C. $(N+1)/2$ D. $N/2$

分析：线性表进行顺序查找，最坏情况下是顺序查找到最后一个数据元素，比较次数是 N 次。

答案：B

3. 下列数据结构中，能用二分法进行查找的是_____。

    A. 顺序存储的有序线性表   B. 线性链表

    C. 二叉链表   D. 有序线性链表

分析：链表只能顺着指针方向进行查找。如果采用链式存储结构，即使是有序线性表，也只能用顺序查找，不能用二分法查找。故选项 B、C 和 D 可以排除。

选项 A 正是二分法查找适合的存储特点。

答案：A

1.8 排序技术

【本节要点】

1. 排序是指将一个无序序列整理成按值非递减（或非递增）顺序排列的有序序列。

2. 交换类排序法：冒泡排序法、快速排序法。

3. 插入类排序法：简单插入排序法、希尔排序法。

4. 选择类排序法：简单选择排序法、堆排序法。

【例题分析】

1. 下列排序方法中，最坏情况下比较次数最少的是_____。

 A. 冒泡排序   B. 简单选择排序

 C. 直接插入排序   D. 堆排序

分析：假设线性表长度为 n，冒泡排序在最坏情况下需要经过 $n/2$ 遍的从前往后的扫描和 $n/2$ 遍的从后往前的扫描，需要的比较次数为 $n(n-1)/2$；直接插入排序在最坏情况下需要的比较次数为 $n(n-1)/2$；简单选择排序在最坏情况下需要的比较次数为 $n(n-1)/2$；堆排序在最坏情况下需要的比较次数为 $n\log_2 n$。

答案：D

2. 对长度为 n 的线性表排序，在最坏情况下，比较次数不是 $n(n-1)/2$ 的排序方法是_____。

 A. 快速排序   B. 冒泡排序

 C. 直接插入排序   D. 堆排序

分析：快速排序每次将待排序数组分为两个部分，在理想状况下，每一次都将待排序数组划分成等长两个部分，则需要 $\log n$ 次划分。而在最坏情况下，即数组已经有序或大致有序的情况下，每次划分只能减少一个元素，快速排序将不幸退化为冒泡排序，所以快速排序最坏情况为 $n(n-1)/2$。在实际应用中，快速排序的平均时间复杂度为 $O(n\log_2 n)$。

答案：D

3. 用快速排序法对下列关键字序列进行降序排序,速度最慢的是_____。

    A. {7,11,19,23,25,27,32}

    B. {27,25,32,19,23,7,11}

    C. {3,11,19,32,27,25,7}

    D. {123,27,7,19,11,25,32}

分析:快速排序的基本方法:在待排序的序列中任取一个记录,以它为基准用交换的方法将所有的记录分成两个部分:关键码比它小的一个部分和关键码比它大的另一个部分,再分别对两个部分实施上述过程,一直重复到排序完成为止。最坏的情况指的是对已经排好序的记录进行完全相反的排序。因此本题的正确答案是 A。

答案:A

【习题练习】

一、选择题

1. 算法的空间复杂度是指_____。

    A. 算法程序的长度

    B. 算法程序中的指令条数

    C. 算法程序所占的存储空间

    D. 算法执行过程中所需要的存储空间

2. 下列关于栈的描述正确的是_____。

    A. 在栈中只能插入元素而不能删除元素

    B. 在栈中只能删除元素而不能插入元素

    C. 栈是特殊的线性表,只能在一端插入或删除元素

    D. 栈是特殊的线性表,只能在一端插入,而在另一端删除元素

3. 按照"后进先出"原则组织数据的数据结构是_____。

    A. 队列   B. 栈   C. 双向链表   D. 二叉树

4. 下列叙述中正确的是_____。

    A. 线性链表是线性表的链式存储结构

    B. 栈与队列是非线性结构

    C. 双向链表是非线性结构

    D. 只有根结点的二叉树是线性结构

5. 对如下二叉树进行后序遍历的结果是_____。

A．ABCDEF　　　　　　　　B．DBEAFC

    C．ABDECF　　　　　　　　D．DEBFCA

6．在深度为 7 的满二叉树中,叶子结点的个数为_____。

    A．32　　　　　B．31　　　　　C．64　　　　　　D．63

7．下列关于栈的叙述正确的是_____。

    A．栈按"先进先出"组织数据　　B．栈按"先进后出"组织数据

    C．只能在栈底插入数据　　　　D．不能删除数据

8．下列叙述中,正确的是_____。

    A．对长度为 n 的有序表进行查找,最坏情况下需要的比较次数为 n

    B．对长度为 n 的有序表进行对分查找,最坏情况下需要的比较次数为 $(n/2)$

    C．对长度为 n 的有序表进行对分查找,最坏情况下需要的比较次数为 $(\log_2 n)$

    D．对长度为 n 的有序表进行对分查找,最坏情况下需要的比较次数为 $(n\log_2 n)$

9．一个队列的初始状态为空。现将元素 A、B、C、D、E、F、5、4、3、2、1 依次入队,然后再依次退队,则元素退队的顺序为_____。

    A．A、B、C、D、E、F、5、4、3、2、1

    B．1、2、3、4、5、F、E、D、C、B、A

    C．A、B、C、D、E、F、1、2、3、4、5

    D．F、E、D、C、B、A、1、2、3、4、5

10．设某循环队列的容量为 50,如果头指针 front＝45(指向对头元素的前一位置),尾指针 rear＝10(指向队尾元素),则该循环队列中共有的元素个数是_____。

    A．10　　　　　B．15　　　　　C．35　　　　　　D．45

11．下列叙述中正确的是_____。

    A．数据的逻辑结构与存储结构必定是一一对应的

    B．由于计算机存储空间是向量式的存储结构,因此,数据的存储结构一

  定是线性结构

  C. 程序语言中的数组一般是顺序存储结构,因此,利用数组只能处理线性结构

  D. 以上三种说法都不对

12. 冒泡程序在最坏情况下的比较次数是_____。

  A. $n(n-1)/2$ B. $n\log_2 n$

  C. $n(n\log_2 n)/2$ D. $n/2$

13. 一棵二叉树中共有 70 个叶子结点与 80 个度为 1 的结点,则该二叉树中的总结点数为_____。

  A. 219   B. 221   C. 229   D. 231

14. 一个栈的初始为空。现将元素 1、2、3、4、5、A、B、C、D、E 依次入栈,然后再依次出栈,则元素出栈的顺序是_____。

  A. 12345ABCDE   B. EDCBA54321

  C. ABCDE12345   D. 54321EDCBA

15. 下列叙述中正确的是_____。

  A. 循环队列有队头和队尾两个指针,因此,循环队列是非线性结构

  B. 在循环队列中,只需要队头指针就能反映队列中元素的动态变化情况

  C. 在循环队列中,只需要队尾指针就能反映队列中元素的动态变化情况

  D. 循环队列中元素的个数是由队头指针和队尾指针共同决定

16. 在长度为 n 的有序线性表中进行二分查找,最坏情况下需要的比较次数是_____。

  A. $O(n)$ B. $O(n^2)$ C. $O(\log_2 n)$ D. $O(n\log_2 n)$

17. 下列叙述中正确的是_____。

  A. 顺序存储结构的存储一定是连续的,链式存储结构的存储空间不一定是连续的

  B. 顺序存储结构只针对线性结构,链式存储结构只针对非线性结构

  C. 顺序存储结构能存储有序表,链式存储结构不能存储有序表

  D. 链式存储结构比顺序存储结构节省存储空间

18. 下列叙述中正确的是_____。

  A. 栈是"先进先出"的线性表

  B. 队列是"先进后出"的线性表

  C. 循环队列是非线性结构

D. 有序线性表既可以采用顺序结构,也可以采用链式存储结构

19. 支持子程序调用的数据结构是_____。

    A. 栈   B. 树   C. 队列   D. 二叉树

20. 某二叉树有 5 个度为 2 的结点,则该二叉树中的叶子结点数是_____。

    A. 10   B. 8   C. 6   D. 4

21. 假设一个长度为 50 的数组(数组元素的下标从 0 到 49)作为栈的存储空间,栈底指针 bottom 指向栈底元素,栈顶指针 top 指向栈顶元素,如果 bottom=49,top=30(数组下标),则栈中存储的元素个数是_____。

    A. 19   B. 20   C. 31   D. 50

22. 下列叙述中正确的是_____。

    A. 在栈中,栈中元素随栈底指针与栈顶指针的变化而动态变化

    B. 在栈中,栈顶指针不变,栈中元素随栈底指针的变化而变化

    C. 在栈中,栈底指针不变,栈中元素随栈顶指针的变化而变化

    D. 上述三种说法都不对

23. 一个栈的初始状态为空。首先将元素 5、4、3、2、1 依次入栈,然后退栈一次,再将元素 A、B、C、D 依次入栈,之后将所有元素全部退栈,则所有元素退栈(包括中间退栈的元素)的顺序为_____。

    A. 1DCBA2345   B. 12345DCBA

    C. 54321ABCD   D. DCBA12345

24. 下列关于栈叙述正确的是_____。

    A. 栈顶元素最先能被删除   B. 栈顶元素最后才能被删除

    C. 栈底元素永远不能被删除   D. 以上三种说法都不对

25. 下列叙述中正确的是_____。

    A. 有一个以上根结点的数据结构不一定是非线性结构

    B. 只有一个根结点的数据结构不一定是线性结构

    C. 循环链表是非线性结构

    D. 双向链表是非线性结构

26. 某二叉树共有 7 个结点,其中叶子结点只有一个,则该二叉树的深度为(假设根结点在第一层)_____。

    A. 3   B. 4   C. 6   D. 7

27. 有序线性表能进行二分查找的前提是该线性表必须是_____。

    A. 顺序存储   B. 链式存储

C. 栈存储 　　　　　　　　 D. 队列存储

28. 一棵二叉树的中序遍历结果为 DBEAFC,前序遍历结果为 ABDECF,则后序遍历结果为_____。

　　 A. DEBFCA 　 B. DEBAFC 　　　 C. ABCDEF 　　　 D. DBEFCA

29. 下列叙述中正确的是_____。

　　 A. 算法就是程序

　　 B. 设计算法时只需要考虑数据结构的设计

　　 C. 设计算法时只需要考虑结果的可靠性

　　 D. 以上三种说法都不对

30. 下列关于二叉树的叙述中,正确的是_____。

　　 A. 叶子结点总是比度为 2 的结点少一个

　　 B. 叶子结点总是比度为 2 的结点多一个

　　 C. 叶子结点数是度为 2 的结点数的 2 倍

　　 D. 度为 2 的结点数是度为 1 的结点数的 2 倍

31. 下列链表中,其逻辑结构属于非线性结构的是_____。

　　 A. 二叉链表 　 B. 循环链表 　　　 C. 双向链表 　　　 D. 带链的栈

32. 设循环队列的存储空间为 Q(1:35),初始状态为 front＝rear＝35。现经过一系列入队与退队运算后,front＝15,rear＝15,则循环队列中的元素个数为_____。

　　 A. 15 　　　　 B. 16 　　　　　 C. 20 　　　　　 D. 0 或 35

33. 下列关于栈的叙述中,正确的是_____。

　　 A. 栈底元素一定是最后入栈的元素

　　 B. 栈顶元素一定是最先入栈的元素

　　 C. 栈操作遵循先进后出的原则

　　 D. 以上三种说法都不对

34. 线性表 $L＝(a_1, a_2, a_3, \cdots, a_i, \cdots, a_n)$,下列说法正确的是_____。

　　 A. 每个元素都有一个直接前件和直接后件

　　 B. 线性表中至少要有一个元素

　　 C. 表中诸元素的排列顺序必须是由小到大或由大到小

　　 D. 除第一个元素和最后一个元素外,其余每个元素都有一个且只有一个直接前件和直接后件

第 2 章　程序设计基础

2.1　程序设计方法与风格

【本节要点】

1. 程序设计方法:结构化程序设计,面向对象程序设计。

2. 良好的程序设计风格:(1)源程序文档化;(2)数据说明的方法;(3)语句的结构;(4)输入和输出。

【例题分析】

下列叙述中,不符合良好程序设计风格要求的是＿＿＿＿＿＿＿。

A. 程序的效率第一,清晰第二　　　B. 程序的可读性好

C. 程序中有必要的注释　　　D. 输入数据前要有提示信息

分析:程序设计风格是指编写程序时所表现出的特点、习惯和逻辑思路。程序设计风格会深刻地影响软件的质量和可维护性,程序设计风格强调简单和清晰,"清晰第一,效率第二"的论点是当今主导的程序设计风格。

答案:A

2.2　结构化程序设计

【本节要点】

1. 结构化程序设计方法的四条原则:自顶向下、逐步求精、模块化、限制使用GOTO 语句。

2. 结构化程序的基本结构:

(1) 顺序结构:按照程序语句行的自然顺序,一条语句一条语句地执行程序。

(2) 选择结构:又称分支结构,包括简单选择和多分支选择结构,可根据条件,

判断应该选择哪一条分支来执行相应的语句序列。

（3）重复结构：又称循环结构，可根据给定条件，判断是否需要重复执行某一相同程序段。

【例题分析】

1. 下列选项中不属于结构化程序设计方法的是_____。

    A. 自顶向下　　　　　　　　B. 逐步求精

    C. 模块化　　　　　　　　　D. 可复用

分析： 结构化程序设计的主要原则可以概括为自顶向下、逐步求精、模块化，限制使用 GOTO 语句。

答案： D

2.3　面向对象的程序设计

【本节要点】

1. 面向对象的程序设计语言：Simula、Smalltalk、C++、Java。

2. 面向对象方法的优点：(1)与人类习惯的思维方法一致；(2)稳定性好；(3)可重用性好；(4)易于开发大型软件产品；(5)可维护性好。

3. 对象是面向对象方法中最基本的概念，可以用来表示客观世界中的任何实体，对象是实体的抽象。

4. 对象由一组表示其静态特征的属性和它可执行的一组操作组成。

属性即对象所包含的信息，操作描述了对象执行的功能，操作也称为方法。

5. 对象的基本特点：标识唯一性、分类性、多态性、封装性、模块独立性好。

6. 类是指具有共同属性、共同方法的对象的集合。所以类是对象的抽象，对象是对应类的一个实例。

类是关于对象性质的描述，它同对象一样，包括一组数据属性和在数据上的一组合法操作。

7. 消息是一个实例与另一个实例之间传递的信息。

消息的组成包括：接收消息的对象的名称、消息标识符(也称消息名)、零个或多个参数。

8. 继承是面向对象方法的一个主要特征，继承是使用已有的类定义作为基础建立新类的定义技术。已有的类作为基类来引用,新类当作派生类来引用。

◇ 继承是指能够直接获得已有的性质和特征,而不必重复定义它们。

◇ 继承具有传递性,一个类继承了它上层的全部基类的特性。

◇ 继承分单继承和多重继承。单继承指一个类只允许有一个父类,多重继承指一个类允许有多个父类。

9. 多态性是指同样的消息被不同的对象接受时可导致完全不同的行动的现象。

【例题分析】

1. 在面向对象方法中,不属于"对象"基本特点的是_____。

　　A. 一致性　　　　　　　　　　B. 分类性

　　C. 多态性　　　　　　　　　　D. 标识唯一性

分析: 对象的一些基本特点:(1)标识唯一性,是指对象是可区分的,并且由对象的内在本质来区分。(2)分类性,是指可以将具有相同属性和操作的对象抽象成类。(3)多态性,是指同一个操作可以是不同对象的行为。(4)封装性,是指从外面只能看到对象的外部特性,对象的内部特性,即处理能力的实行和内部状态,对外是不可见的。(5)模块独立性,对象是面向对象的软件的基本模块,它是由数据及可以对这些数据施加的操作所组成的统一体。

答案: A

2. 面向对象方法中,继承是指_____。

　　A. 一组对象所具有的相似性质

　　B. 一个对象具有另一个对象的性质

　　C. 各对象之间的共同性质

　　D. 类之间共享属性和操作的机制

分析: 继承是面向对象方法的一个主要特征,继承是使用已有的类定义作为基础建立新类的定义技术。已有的类作为基类来引用,新类作为派生类来引用。通过继承,把类组织成一个层次结构,子类直接共享基类中定义的数据和方法。

答案: D

3. 下列关于类、对象、属性和方法的叙述中,错误的是_____。

　　A. 类是一类具有相同属性和方法的对象的描述

　　B. 属性用于描述对象的状态

　　C. 方法用于表示对象的行为

D. 基于同一个类产生的多个实例必须设置相同的属性值

分析： 类是具有共同属性、共同方法的对象的集合。所以,类是对象的抽象,一个对象则是其对应类的一个实例。建立类的一个对象(一个实例)时,给这个对象设置属性的值来描述该对象的状态,也可以引用对象的方法完成相关操作。基于同一个类产生的多个不同的对象(实例),这些不同的对象有着各自的状态和操作,因此,可以设置不同的属性值。

答案： D

【习题练习】

一、选择题

1. 结构化程序设计的基本原则不包括_____。

    A. 多态性　　　　　　　　　B. 自顶向下

    C. 模块化　　　　　　　　　D. 逐步求精

2. 在面向对象方法中,实现信息隐蔽是依靠_____。

    A. 对象的继承　　　　　　　B. 对象的多态

    C. 对象的封装　　　　　　　D. 对象的分类

3. 下列叙述中正确的是_____。

    A. 程序执行的效率与数据的存储结构密切相关

    B. 程序执行的效率只取决于程序的控制结构

    C. 程序执行的效率只取决于所处理的数据量

    D. 以上三种说法都不对

4. 仅由顺序、选择(分支)和重复(循环)结构构成的程序是_____。

    A. 系统程序　　　　　　　　B. 应用程序

    C. 面向对象程序　　　　　　D. 结构化程序

5. 结构化程序所要求的基本结构不包括_____。

    A. 顺序结构　　　　　　　　B. GOTO 跳转

    C. 选择(分支)结构　　　　　D. 重复(循环)结构

6. 下面对对象概念描述错误的是_____。

    A. 任何对象都必须有继承性

    B. 对象是属性和方法的封装体

    C. 对象间的通信通过消息传递

    D. 操作是对象的动态性属性

7. 在面向对象方法中，一个对象请求另一对象为其服务的方式是通过发送_____。

    A. 调用语句　　　　　　　　B. 命令

    C. 口令　　　　　　　　　　D. 消息

8. 结构化程序设计主要强调的是_____。

    A. 程序的规模　　　　　　　B. 程序的易读性

    C. 程序的执行效率　　　　　D. 程序的可移植性

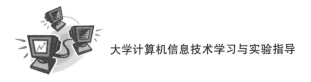

第3章　软件工程基础

3.1　软件工程基本概念

【**本节要点**】

1. 软件工程是应用于计算机软件的定义、开发和维护的一整套方法、工具、文档、实践标准和工序。

2. 软件工程的要素：方法、工具和过程。

3. 软件生命周期

(1) 定义：将软件产品从提出、实现、使用、维护到停止使用的过程称为软件生命周期，即软件的生命周期就是软件产品从考虑其概念开始，到软件产品不能使用为止的整个时期都属于软件生命周期。

(2) 各阶段的主要任务：

定义阶段	可行性研究与制订计划
	需求分析
开发阶段	软件设计
	软件实现
	软件测试
运行和维护阶段	软件运行
	软件维护

4. 软件工程目标：在给定成本、进度的前提下，开发出具有有效性、可靠性、可理解性、可维护性、可重用性、可适应性、可移植性、可追踪性和可互操作性且满足用户需求的产品。

软件工程需要达到的基本目标应是：付出较低的开发成本；达到要求的软件功能；取得较好的软件性能；开发的软件易于移植；需要较低的维护费用；能按时完成开发，及时交付使用。

5. 软件工程的理论和技术性研究的内容包括软件开发技术和软件工程管理。

6. 软件工程原则:抽象、信息隐蔽、模块化、局部化、确定性、一致性、完备性和可验证性。

7. 软件开发工具与环境

软件开发工具为软件开发工作提供了自动的或半自动的软件支撑,全面支持软件开发全过程的软件工具集合构成了软件开发环境。

【例题分析】

1. 下列叙述中正确的是_____。
   A. 软件工程只是解决软件项目的管理问题
   B. 软件工程主要解决软件产品的生产率问题
   C. 软件工程的主要思想是强调在软件开发过程中需要应用工程化原则
   D. 软件工程只是解决软件开发中的技术问题

   分析:软件工程是试图用工程、科学和数学的原理与方法研制、维护计算机软件的有关技术及管理方法。主要是为了消除软件危机,而不是单纯解决某些软件管理问题、生产效率问题和技术问题。

   答案:C

2. 软件生命周期可分为定义阶段、开发阶段和维护阶段。详细设计属于_____。
   A. 定义阶段　　　　　　B. 开发阶段
   C. 维护阶段　　　　　　D. 上述三个阶段

   分析:软件生命周期的开发阶段包括软件设计、软件实现和软件测试三个阶段。其中软件设计阶段可分解成概要设计阶段和详细设计阶段。因此详细设计属于软件开发阶段。

   答案:B

3. 下列选项中不属于软件生命周期开发阶段任务的是_____。
   A. 软件测试　　　　　　B. 概要设计
   C. 软件维护　　　　　　D. 详细设计

   分析:软件维护应该属于软件生命周期运行和维护阶段的任务。

   答案:C

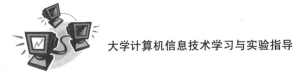

3.2 结构化分析方法

【本节要点】

1. 软件需求分析是指用户对目标软件系统在功能、行为、性能、设计约束等方面的期望。

需求分析阶段的工作包括需求获取、需求分析、编写需求规格说明书和需求评审。

需求分析方法有结构化需求分析方法和面向对象的分析方法。

2. 结构化分析方法的实质：着眼于数据流，自顶向下，逐层分解，建立系统的处理流程，以数据流图和数据字典为主要工具，建立系统的逻辑模型。

3. 数据流图的基本图形元素：

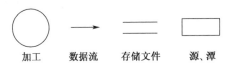

加工　　　数据流　　　存储文件　　　源、潭

加工(转换)：输入数据经加工变换产生输出。

数据流：沿箭头方向传送数据的通道，一般在旁边标注数据流名。

存储文件(数据源)：表示处理过程中存放各种数据的文件。

源、潭：表示系统和环境的接口，属系统之外的实体。

4. 软件需求规格说明书是需求分析阶段的最后成果。它的特点是具有正确性、无歧义性、完整性、可验证性、一致性、可理解性、可修改性和可追踪性。

【例题分析】

1. 下列叙述中，不属于结构化分析方法的是_____。

A. 面向数据流的结构化分析方法

B. 面向数据结构的 Jackson 方法

C. 面向数据结构的结构化数据系统开发方法

D. 面向对象的分析方法

分析：结构化分析方法包括面向数据流的结构化分析方法、面向数据结构的 Jackson 方法和面向数据结构的结构化数据系统开发方法，不包括面向对象的分析方法。

答案： D

2. 在软件开发中，需求分析阶段可以使用的工具是_____。

　　A. N-S 图　　　　　　　　　　B. DFD 图

　　C. PAD 图　　　　　　　　　　D. 程序流程图

分析： 需求分析阶段可以使用数据流图（DFD 图）、数据字典（DD）、结构化语言、判定表和判定树等工具。程序流程图、N-S 图和 PAD 图都是详细设计阶段需要用到的工具。

答案： B

3. 下列叙述中，不属于软件需求规格说明书作用的是_____。

　　A. 便于用户、开发人员进行理解和交流

　　B. 反映出用户问题的结构，可以作为软件开发工作的基础和依据

　　C. 作为确认测试和验收的依据

　　D. 便于开发人员进行需求分析

分析： 软件需求规格说明书是需求分析阶段的最后成果，它的作用是：便于用户、开发人员进行理解和交流；反映出用户问题的结构，可以作为软件开发工作的基础和依据；作为确认测试和验收的依据。

答案： D

3.3 结构化设计方法

【本节要点】

1. 软件设计的基础

从技术观点来看，软件设计包括软件结构设计、数据设计、接口设计、过程设计。

从工程角度来看，软件设计分两步完成，即概要设计和详细设计。

2. 软件设计的基本原理包括：抽象、模块化、信息隐蔽和模块独立性。

3. 软件概要设计的基本任务是：设计软件系统结构；数据结构及数据库设计；编写概要设计文档；概要设计文档评审。

4. 结构图：软件结构设计的工具，用于描述软件系统的层次和分块结构关系，反映了整个系统的功能实现以及模块与模块之间的联系与通信。

矩形：表示一个模块，在矩形内注明模块的功能和名字；

箭头:表示模块间的调用关系;

带实心圆的箭头:表示在模块调用过程中传递的控制信息;

空心圆的箭头:表示在模块调用过程中传递的数据信息;

结构图中常有的模块类型:传入模块、传出模块、变换模块和协调模块。

5. 面向数据流的设计方法

(1) 数据流类型:变换型和事务型

(2) 结构设计过程和步骤:

第1步:分析、确认数据流图的类型,区分是事务型还是变换型。

第2步:说明数据流的边界。

第3步:把数据流图映射为程序结构。对于事务流区分事务中心和数据接收通路,将它映射成事务结构。对于变换流,区分输出和输入分支,并将其映射成变换结构。

第4步:根据设计准则对产生的结构进行细化和求精。

(3) 设计的准则:提高模块的独立性;模块规模适中;深度、宽度、扇出和扇入适当;使模块的作用域在该模块的控制域内;应减少模块的接口和界面的复杂性;设计成单入口、单出口的模块;设计功能可预测的模块。

6. 详细设计:为软件结构图中的每一个模块确定实现算法和局部数据结构,用某种选定的表达工具表示算法和数据结构的细节。

【例题分析】

1. 下列工具不属于详细设计常用工具的是_____。

    A. PAD   B. PFD   C. N-S   D. DFD

分析:常用的过程设计(即详细设计)工具有:

(1) 图形工具:PFD(程序流程图)、N-S(方盒图)、PAD(问题分析图)和HIPO(层次图+输入/处理/输出图);

(2) 表格工具:判定表;

(3) 语言工具:PDL(伪码)。

DFD(数据流图)是需求分析阶段要用的工具。

答案:D

2. 右边软件系统结构图的深度是_____。

分析:软件系统结构图的深度表示控制的层数,从图上看有3层,因此深度是3。

答案：3

3. 软件设计中,有利于提高模块独立性的一个准则是_____。

  A. 低内聚低耦合   B. 低内聚高耦合

  C. 高内聚低耦合   D. 高内聚高耦合

分析：在结构化程序设计中,模块内应具有高内聚度,模块间应具有低耦合度,有利于提高模块独立性。内聚性是指一个模块内部各个元素间彼此结合的紧密程度的度量。耦合性是指模块间互相连接的紧密程度的度量。

答案：C

3.4　软件测试

【本节要点】

1. 软件测试:使用人工或自动手段来运行或测定某个系统的过程,其目的在于检验它是否满足规定的需求或弄清预期的结果与实际结果之间的差别。

2. 软件测试的准则:所有测试应追溯到需求;严格执行测试计划,排除测试的随意性;充分注意测试中的群集现象;程序员应避免检查自己的程序;穷举测试不可能;妥善保存测试计划、测试用例、出错统计和最终分析报告,为维护提供方便。

3. 软件测试技术与方法:静态测试与动态测试。

4. 白盒测试

白盒测试的原则:保证所有的测试模块中每一条独立路径至少执行一次;保证所有的判断分支至少执行一次;保证所有的模块中每一个循环都在边界条件和一般条件下至少各执行一次;验证所有内部数据结构的有效性。

白盒测试的方法:逻辑覆盖(包括语句覆盖、路径覆盖、判定覆盖、条件覆盖和判断—条件覆盖)、基本路径测试等。

5. 黑盒测试

黑盒测试是对软件已经实现的功能是否满足需求进行测试和验证。

黑盒测试方法:等价类划分法(包括有效等价类和无效等价类)、边界值分析法、错误推测法、因果图等,主要用于软件确认测试。

6. 软件测试步骤:单元测试、集成测试、确认测试和系统测试。

【例题分析】

1. 下面对软件测试的描述中,正确的是_____。

  A. 软件测试的目的是证明程序是否正确

  B. 软件测试的目的是使程序运行结果正确

  C. 软件测试的目的是尽可能多地发现程序中的错误

  D. 软件测试的目的是使程序符合结构化原则

  分析：见本节要点 1,软件测试是为了发现错误而执行程序的过程,目的就是尽可能多地发现程序中的错误。

  答案：C

  2. 下列不属于静态测试方法的是_____。

  A. 代码检查   B. 白盒法

  C. 静态结构分析   D. 代码质量度量

  分析：静态测试包括代码检查、静态结构分析、代码质量度量等方法。动态测试是基于计算机的测试,根据软件需求设计测试用例,利用这些用例去运行程序,以发现程序错误的过程,包括白盒测试方法和黑盒测试方法。

  答案：B

  3. 检查软件产品是否符合需求定义的过程称为_____。

  A. 确认测试 B. 集成测试 C. 验证测试 D. 验收测试

  分析：软件测试过程一般按 4 个步骤进行:单元测试、集成测试、确认测试和系统测试。单元测试是指对模块进行测试,用于发现模块内部的错误。集成测试是测试和组装软件的过程,主要用于发现与接口有关的错误。系统测试是将经过测试后的软件,与计算机的硬件、外设、支持软件、数据和人员等其他元素组合在一起,在实际运行环境中进行一系列的集成测试和确认测试。确认测试是验证软件的功能和性能及其他特征是否满足了需求规格说明中确定的各种需求,以及软件配置是否完全、正确,符合题干要求的是确认测试。

  答案：A

3.5 程序的调试

【本节要点】

  1. 程序调试活动包括:根据错误的迹象确定程序中错误的确切性质、原因和位置;对程序进行修改,排除错误。

  2. 程序调试的基本步骤:错误定位;修改设计和代码,以排除错误;进行回溯

测试,防止引进新的错误。

3. 程序调试

(1) 确定错误的性质和位置:分析与错误有关的信息;避开死胡同;调试工具只是一种辅助手段,只能帮助思考,不能代替思考;避免用试探法。

(2) 修改错误的原则:在出现错误的地方,有可能还有别的错误,在修改时,一定要观察和检查相关的代码,以防止其他的错误;一定要注意错误代码的修改,不要只注意表象,而要注意错误的本身,把问题解决;注意在修正错误时,可能代入新的错误,错误修改后,一定要进行回归测试,避免新的错误产生;修改错误也是程序设计的一种形式;修改源代码程序,不要改变目标代码。

2. 软件调试方法:强行排错法、回溯法、原因排除法等。

【例题分析】

1. 下面叙述中错误的是_____。

　　A. 软件测试的目的是发现错误并改正错误

　　B. 对被调试的程序进行"错误定位"是程序调试的必要步骤

　　C. 程序调试通常也称为 Debug

　　D. 软件测试应严格执行测试计划,排除测试的随意性

分析:软件测试是尽可能多地发现软件中的错误。而程序调试的任务是诊断和改正程序中的错误。

答案: A

【习题练习】

一、选择题

1. 开发软件所需高成本和产品的低质量之间有着尖锐的矛盾,这种现象称作_____。

　　A. 软件投机　　　　　　　　　　B. 软件危机

　　C. 软件工程　　　　　　　　　　D. 软件产生

2. 软件工程的出现是由于_____。

　　A. 程序设计方法学的影响　　　　B. 软件产业化的需要

　　C. 软件危机的出现　　　　　　　D. 计算机的发展

3. 下面不属于软件工程的 3 个要素的是_____。

　　A. 工具　　　B. 过程　　　　C. 方法　　　　D. 环境

4. 软件开发的结构化生命周期方法将软件生命周期划分成_____。

    A. 定义、开发、运行维护

    B. 设计阶段、编程阶段、测试阶段

    C. 总体设计、详细设计、编程调试

    D. 需求分析、功能定义、系统设计

5. 在软件生命周期中,能准确地确定软件系统必须做什么和必须具备哪些功能的阶段是_____。

    A. 概要设计   B. 详细设计

    C. 可行性研究   D. 需求分析

6. 在结构化方法中,软件功能分解属于下列软件开发中的阶段是_____。

    A. 详细设计   B. 需求分析   C. 概要设计   D. 编程调试

7. 软件的结构化开发过程各阶段都应产生规范的文档,以下_____不是在概要设计阶段应产生的文档。

    A. 集成测试计划   B. 软件需求规格说明书

    C. 概要设计说明书   D. 数据库设计说明书

8. 软件工程学一般包括软件开发技术和软件工程管理两方面的内容。软件工程经济学是软件工程管理的技术内容之一,它专门研究_____。

    A. 软件开发的方法学   B. 软件开发技术和工具

    C. 软件成本效益分析   D. 计划、进度和预算

9. 在软件生产过程中,需求信息的给出是_____。

    A. 程序员   B. 项目管理者

    C. 软件分析设计人员   D. 软件用户

10. 软件需求分析阶段的工作,可以分为四个方面:需求获取,需求分析,编写需求规格说明书,以及_____。

    A. 阶段性报告   B. 需求评审

    C. 总结   D. 都不正确

11. 数据流图用于抽象描述一个软件的逻辑模型,数据流图由一些特定的图符构成。下列图符名标识的图符不属于数据流图合法图符的是_____。

    A. 控制流   B. 加工   C. 数据存储   D. 源和潭

12. 在数据流图(DFD)中,带有名字的箭头表示_____。

    A. 模块之间的调用关系   B. 程序的组成成分

    C. 控制程序的执行顺序   D. 数据的流向

13. 在软件开发中,需求分析阶段产生的主要文档是＿＿＿＿＿＿＿。

　　A. 可行性分析报告　　　　　　B. 软件需求规格说明书

　　C. 概要设计说明书　　　　　　D. 集成测试计划

14. 软件设计包括软件的结构、数据、接口和过程设计,其中软件的过程设计是指＿＿＿＿＿＿＿。

　　A. 模块间的关系

　　B. 系统结构部件转换成软件的过程描述

　　C. 软件层次结构

　　D. 软件开发过程

15. 下面不属于软件设计原则的是＿＿＿＿＿＿＿。

　　A. 抽象　　　　B. 模块化　　　　C. 自底向上　　　D. 信息隐蔽

16. 模块独立性是软件模块化所提出的要求,衡量模块独立性的度量标准则是模块的＿＿＿＿＿＿＿。

　　A. 抽象和信息隐蔽　　　　　　B. 局部化和封装化

　　C. 内聚性和耦合性　　　　　　D. 激活机制和控制方法

17. 在结构化设计方法中,生成的结构图(SC)中,带有箭头的连线表示＿＿＿＿＿＿＿。

　　A. 模块之间的调用关系　　　　B. 程序的组成成分

　　C. 控制程序的执行顺序　　　　D. 数据的流向

18. 程序流程图(PFD)中的箭头代表的是＿＿＿＿＿＿＿。

　　A. 数据流　　　　B. 控制流　　　　C. 调用关系　　　D. 组成关系

19. 为了提高测试的效率,应该＿＿＿＿＿＿＿。

　　A. 随机地选取测试数据

　　B. 取一切可能的输入数据作为测试数据

　　C. 在完成编码以后制订软件的测试计划

　　D. 选择发现错误可能性大的数据作为测试数据

20. 使用白盒测试方法时,确定测试数据应根据＿＿＿＿＿＿＿和指定的覆盖标准。

　　A. 程序的内部逻辑　　　　　　B. 程序的复杂结构

　　C. 使用说明书　　　　　　　　D. 程序的功能

21. 完全不考虑程序的内部结构和内部特征,而只是根据程序功能导出测试用例的测试方法是＿＿＿＿＿＿＿。

　　A. 黑箱测试法　　　　　　　　B. 白箱测试法

C. 错误推测法   D. 安装测试法

22. 软件调试的目的是_____。

    A. 发现错误   B. 改正错误

    C. 改善软件的性能   D. 挖掘软件的潜能

23. 以下所述中，_____是软件调试技术。

    A. 错误推断   B. 集成测试

    C. 回溯法   D. 边界值分析

24. 下列不属于软件调试技术的是_____。

    A. 强行排错法   B. 集成测试法

    C. 回溯法   D. 原因排除法

二、填空题

1. 通常，将软件产品从提出、实现、使用、维护到停止使用的过程称为_____。

2. 软件工程研究的内容主要包括：_____技术和软件工程管理。

3. 软件开发环境是全面支持软件开发全过程的_____集合。

4. Jackson 结构化程序设计方法是英国的 M. Jackson 提出的，它是一种面向_____的设计方法。

5. 软件需求规格说明书应具有完整性、无歧义性、正确性、可验证性、可修改性等特性，其中最重要的是_____。

6. 耦合和内聚是评价模块独立性的两个主要标准，其中_____反映了模块内各成分之间的联系。

7. 软件设计模块化的目的是_____。

8. 软件的_____设计又称为总体结构设计，其主要任务是建立软件系统的总体结构。

9. 数据流图的类型有_____和事务型。

10. 为了便于对照检查，测试用例应由输入数据和预期的_____两部分组成。

11. 单元测试又称模块测试，一般采用_____测试。

12. 在两种基本测试方法中，_____测试的原则之一是保证所测模块中每个独立路径至少执行一次。

13. 测试用例包括输入值集和_____值集。

14. 软件测试可分为白盒测试和黑盒测试。基本路径测试属于_____测试。

15. 程序测试分为静态分析和动态测试,其中_____是指不执行程序,而只是对程序文本进行检查,通过阅读和讨论,分析和发现程序中的错误。

16. 等价类型划分法是_____测试常用的方法。

17. 按照软件测试的一般步骤,集成测试应在_____测试之后进行。

18. 在进行模块测试时,要为每个被测试的模块另外设计两类模块:驱动模块和承接模块(桩模块)。其中_____的作用是将测试数据传送给被测试的模块,并显示被测试模块所产生的结果。

19. 测试的目的是暴露错误,评价程序的可靠性;而_____的目的是发现错误的位置并改正错误。

20. 软件维护活动包括以下几类:改正性维护、适应性维护、_____维护和预防性维护。

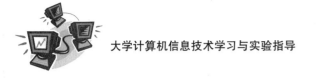

第4章　数据库设计基础

4.1　关系代数

【本节要点】

1. 关系模型的基本操作:插入、删除、修改、查询四种操作,可将它们分解为六种基本操作:关系的属性指定、关系的元组选择、两个关系的合并运算、关系的查询、关系元组的插入、关系元组的删除。

2. 关系模型的基本运算:

(1) 插入:插入操作可看作是集合的并运算,即在原有的关系 R 中并入要插入的元组 R',是这两个元组的并运算,即 $R \cup R'$。

(2) 删除:在关系 R 中删除元组 R',可看作是两个关系的差运算,即 $R - R'$。

(3) 修改:先将要修改的元组 R' 从关系 R 中删除,再将修改后的元组 R'' 插入到关系 R 中,即 $(R - R') \cup R''$。

(4) 查询:无法通过传统的集合运算来表示,需要专门的关系运算来实现。

1) 投影运算:是从关系中指定若干个属性组合成一个新的关系的操作。投影运算基于一个关系,是一个一元运算。

2) 选择运算:是从关系中查找满足条件的元组。选择基于一个关系,得到的结果可以形成一个新的关系,它的关系模式与原关系相同,是原关系的一个子集。

3) 笛卡尔积运算:两个关系的合并操作可以用笛卡尔积表示。设有 n 元关系 R 及 m 元关系 S,它们分别有 p、q 个元组,则关系 R 和关系 S 的笛卡尔积为 $R \times S$,新关系是一个 $n+m$ 元关系,元组个数是 $p \times q$,由 R 和 S 的有序组合而成。

3. 关系模型的扩充运算

(1) 交运算:关系 R 与关系 S 经交运算后所得到的关系是由既在 R 中又在 S 中的元组组成,记作 $R \cap S$。交运算可由基本运算推导而得:

$$R \cap S = R - (R - S)$$

(2) 除运算:如果将笛卡尔积运算看作乘运算的话,除运算即是它的逆运算。

当关系 $T = R \times S$ 时,则可将运算写成:

$$T \div R = S \text{ 或 } T/R = S$$

(3) 连接与自然连接运算:连接是关系的横向运算。连接运算将两个关系横向地拼接成一个更宽的关系,生成的新关系中有满足连接条件的所有元组。连接运算通过连接条件来控制,连接条件中将出现两个关系中的公共属性,或者具有相同的域、可比的属性。自然连接,是去掉重复属性的等值连接。自然连接是最常用的连接方式。

【例题分析】

1. 关系二维表中的每一列称为一个_____。

　　A. 元组　　　　B. 实体　　　　　C. 属性　　　　　D. 码

分析: 在概念模型中,现实世界的事物由实体、联系和属性等表达。客观世界的事物抽象为实体,实体的特性抽象为属性。在关系模型中,用二维表来表示实体集,每一行表示一个实体,称为元组,每一列称为属性。

答案: C

2. 已知关系 $R(A_1, A_2, A_3, A_4, A_5)$,$A_3$、$A_4$ 域上的投影可表示为_____。

　　A. $R|\times|_f R$　　B. $R \times R$　　　　C. $\sigma_{A3, A4}(R)$　　　D. $\Pi_{A3, A4}(R)$

分析: 在关系运算中,符号"$\times$"表示笛卡尔积运算,"$|\times|$"表示连接运算,"σ"表示选择运算,"Π"表示投影运算。

答案: D

3. 关系模型的基本操作包括_____。

　　A. 插入、删除、修改、查询　　　　　B. 交、删除、修改、查询

　　C. 插入、删除、修改、连接　　　　　D. 插入、除、修改、查询

分析: 关系模型的基本操作:插入、删除、修改、查询四种操作,可将它们分解为六种基本操作:关系的属性指定、关系的元组选择、两个关系的合并运算、关系的查询、关系元组的插入、关系元组的删除。关系模型的扩充运算包括交运算、除运算和连接与自然连接运算。

答案: A

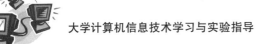

4.2 数据库设计与管理

【本节要点】

1. 数据库设计的基本任务是根据用户对象的信息需求、处理需求和数据库的支持环境(包括硬件、操作系统与DBMS)设计出数据模式。

2. 数据库设计的两种方法:

(1) 面向数据的方法:以信息需求为主,兼顾处理需求。

(2) 面向过程的方法:以处理需求为主,兼顾信息需求。

3. 数据库设计一般采用生命周期法,分为如下几个阶段:需求分析阶段、概念设计阶段、逻辑设计阶段、物理设计阶段、编码阶段、测试阶段、运行阶段和进一步修改阶段。前四个阶段是数据库设计的主要阶段,重点以数据结构与模型的设计为主线。

4. 数据库设计的需求分析:

(1) 需求收集和分析,收集基本数据和数据流图是数据库设计的第一阶段。

(2) 主要的任务:通过详细调查现实世界要处理的对象(组织、部门、企业等),充分了解原系统的工作概况,明确用户的各种需求,在此基础上确定系统的功能。

(3) 对数据库的要求:信息要求、处理要求、安全性和完整性的要求。

(4) 用数据流图表达数据与处理过程的关系,数据字典对系统中的数据进行详细描述,是各类数据属性的清单。

5. 数据库概念设计

(1) 概念设计:集中式模式设计法和视图集成设计法。

1) 集中式模式设计法,根据需求由一个统一的机构或人员设计一个综合的全局模式。适合于小型或并不复杂的单位或部门。

2) 视图集成设计法,将系统分解成若干个部分,对每个部分进行局部模式设计,建立各个部分的视图,再以各视图为基础进行集成。

(2) 数据库概念设计的过程:选择局部应用,视图设计和视图集成。

(3) 视图设计三种次序:自顶向下,由底向上和由内向外。

(4) 视图集成是将所有局部视图统一与合并成一个完整的数据模式。视图集成的重点是解决局部设计中的冲突,常见的冲突主要有如下几种:命名冲突,概念冲突,域冲突,约束冲突。

（5）整体数据库概念结构满足下列要求：

1）内部必须具有一致性，即不能存在互相矛盾的表达。

2）能准确地反映原来的每个视图结构，包括属性、实体及实体间的联系。

3）能满足需求分析阶段所确定的所有要求。

4）需要提交给用户，征求用户和有关人员的意见，进行评审、修改和优化，最后定稿。

6. 数据库的逻辑设计。

（1）从 E-R 模型向关系模式的转换包括：

1）E-R 模型中的属性转换为关系模式中的属性；

2）E-R 模型中的实体转换为关系模式中的元组；

3）E-R 模型中的实体集转换为关系模式中的关系；

4）E-R 模型中的联系转换为关系模式中的关系（或归并到相关联的实体中）。

（2）逻辑模式规范化及调整：对关系做规范化验证，对逻辑模式进行调整以满足 RDBMS 的性能、存储空间等要求。

（3）关系视图设计：又称外模式设计，关系视图是关系模式基础上所设计的直接面向操作用户的视图。关系视图的作用：提供数据逻辑独立性，适应用户对数据的不同需求，有一定数据保密功能。

7. 数据库的物理设计：是对数据库内部物理结构作调整并选择合理的存取路径，以提高数据库访问速度及有效利用存储空间。

8. 数据库管理：

（1）数据库的建立：数据模式的建立和数据加载。

1）数据模式的建立。数据模式由 DBA 负责建立，定义数据库名、表及相应的属性，定义主关键字、索引、集簇、完整性约束、用户访问权限、申请空间资源，定义分区等。

2）数据加载。在数据模式定义后可加载数据，DBA 可以编制加载程序将外界的数据加载到数据模式内，完成数据库的建立。

（2）数据库的调整：在数据库建立并运行一段时间后，对不适合的内容要进行调整，调整的内容包括：调整关系模式与视图使之更适应用户的需求，调整索引与集簇使数据库性能与效率更佳，调整分区、数据库缓冲区大小以及并发度使数据库物理性能更好。

（3）数据库的重组：数据库运行一段时间后，由于数据的大量插入、删除和修改，使性能受到很大的影响，需要重新调整存贮空间，使数据的连续性更好，即通过数据库的重组来实现。

（4）数据库的故障校复：保证数据不受非法盗用与破坏；保证数据的正确性。

（5）数据安全性控制与完整性控制。

（6）数据库监控：DBA 需要随时观察数据库的动态变化，并在发生错误、故障或产生不适应情况时随时采取措施，并监控数据库的性能变化，必要时可对数据库进行调整。

【例题分析】

1. 反映数据库系统中全局数据逻辑结构的是_____。

    A. 外模式   B. 概念模式

    C. 内模式   D. 存储模式

分析：数据库系统内部结构分三级模式：概念模式，外模式和内模式。概念模式是数据库系统中全局数据逻辑结构的描述，是全体用户（应用）公共数据视图。外模式也称子模式或用户模式，它是用户的数据视图。内模式又称物理模式，它给出了数据库物理存储结构与物理存取方法。

答案：B

2. DBA 主要职责一般不包括_____。

    A. 数据模式的建立   B. 数据加载

    C. 数据库监控   D. 应用程序开发

分析：参考本节要点 8。

答案：D

3. 数据库需求分析时，设计的数据字典不包括_____。

    A. 数据项   B. 数据流

    C. 处理过程   D. 程序代码

分析：参考本节要点 4。

答案：D

4. 数据库设计一般采用生命周期法，下列各设计阶段正确的次序是_____。

    A. 需求分析阶段、概念设计阶段、逻辑设计阶段、物理设计阶段

    B. 需求分析阶段、逻辑设计阶段、概念设计阶段、物理设计阶段

    C. 需求分析阶段、概念设计阶段、物理设计阶段、逻辑设计阶段

    D. 需求分析阶段、逻辑设计阶段、物理设计阶段、概念设计阶段

分析：数据库设计一般采用生命周期法，分为如下几个阶段：需求分析阶段、

概念设计阶段、逻辑设计阶段、物理设计阶段、编码阶段、测试阶段、运行阶段和进一步修改阶段。前四个阶段是数据库设计的主要阶段,重点以数据结构与模型的设计为主线。

答案: A

【习题练习】

一、选择题

1. 在数据管理技术的发展过程中,经历了人工管理阶段、文件系统阶段和数据库系统阶段。其中数据独立性最高的阶段是_____。

   A. 数据库系统　　　　　　　　　B. 文件系统

   C. 人工管理　　　　　　　　　　D. 数据项管理

2. 下述关于数据库系统的叙述正确的是_____。

   A. 数据库系统减少了数据冗余

   B. 数据库系统避免了一切冗余

   C. 数据库系统中数据的一致性是指数据类型一致

   D. 数据库系统比文件系统能管理更多的数据

3. 数据库系统的核心是_____。

   A. 数据库　　　　　　　　　　　B. 数据库管理系统

   C. 数据模型　　　　　　　　　　D. 软件工具

4. 用树形结构来表示实体之间联系的模型称为_____。

   A. 关系模型　　　B. 层次模型　　　C. 网状模型　　　D. 数据模型

5. 关系表中的每一横行称为一个_____。

   A. 元组　　　　　B. 字段　　　　　C. 属性　　　　　D. 码

6. 按条件 f 对关系 R 进行选择,其关系代数表达式是_____。

   A. $R|\times|R$　　　B. $R|\times|_fR$　　　C. $\sigma_f(R)$　　　D. $\Pi_f(R)$

7. 关系数据管理系统能实现的专门关系运算包括_____。

   A. 排序、索引、统计　　　　　　B. 选择、投影、连接

   C. 关联、更新、排序　　　　　　D. 显示、打印、制表

8. 在关系数据库中,用来表示实体之间联系的是_____。

   A. 树结构　　　　B. 网结构　　　　C. 线性表　　　　D. 二维表

9. 将 E-R 图转换到关系模式时,实体与联系都可以表示成_____。

   A. 属性　　　　　B. 关系　　　　　C. 键　　　　　　D. 域

10. 在关系数据库中,用来表示实体之间联系的是_____。

    A. 模式   B. 内模式   C. 外模式   D. 概念模式

11. 数据库概念设计的过程中,视图设计一般有三种设计次序,以下各项中不对的是_____。

    A. 自顶向下   B. 由底向上

    C. 由内向外   D. 由整体到局部

12. SQL 语言又称为_____。

    A. 结构化定义语言   B. 结构化控制语言

    C. 结构化查询语言   D. 结构化操纵语言

13. 下列有关数据库的描述,正确的是_____。

    A. 数据库是一个 DBF 文件

    B. 数据库是一个关系

    C. 数据库是一个结构化的数据集合

    D. 数据库是一组文件

14. 单个用户使用的数据视图的描述称为_____。

    A. 外模式   B. 概念模式   C. 内模式   D. 存储模式

15. 在数据管理技术发展过程中,文件系统与数据库系统的主要区别是数据库系统具有_____。

    A. 数据无冗余   B. 数据可共享

    C. 功能强大的应用软件   D. 特定的数据模型

16. 下列说法中,不属于数据模型所描述的内容的是_____。

    A. 数据结构   B. 数据操作   C. 数据查询   D. 数据约束

二、填空题

1. 一个项目具有一个项目主管,一个项目主管可管理多个项目,则实体"项目主管"与实体"项目"的联系属于_____的联系。

2. 数据独立性分为逻辑独立性和物理独立性。当数据的存储结构改变时,其逻辑结构可以不变。因此,基于逻辑结构的应用程序不必修改,称为_____。

3. 数据库系统中实现各种数据管理功能的核心软件称为_____。

4. 关系模型的完整性规则是对关系的某种约束条件,包括实体完整性、_____和自定义完整性。

5. 在关系模型中,把数据看成一个二维表,每一个二维表称为一个_____。

6. 如果一个工人可管理多个设施,而一个设施只被一个工人管理,则实体"工人"与实体"设备"之间存在_____联系。

7. 关系数据库管理系统能实现的专门关系运算包括选择、连接和_____。

8. 数据库系统的三级模式分别为_____模式、内部级模式与外部级模式。

9. 数据字典是各类数据描述的集合,它通常包括 5 个部分,即数据项、数据结构、数据流、_____和处理过程。

10. 软件的需求分析阶段的工作,可以概括为四个方面:_____、需求分析、编写需求规格说明书和需求评审。

11. _____是数据库应用的核心。

12. 数据模型按不同的应用层次分为三种类型,它们是_____数据模型、逻辑数据模型和物理数据模型。

附录　键盘使用指南

一、键盘的构成

计算机中,常用键盘有 101 键和 103 键键盘。如附图 1-1 所示,整个键盘分为三部分:打字键盘,数字键盘(小键盘)和功能键。键盘上除 26 个字母、10 个数字键外,还有一些专用键、组合键和控制键,在不同的软件环境中,这些特殊的键,其功能也不完全相同。下面简要介绍这些键的作用。如附表 1-1 所示。

附图 1-1　键盘构成图

附表 1-1

专　用　键　功　能	
Enter	回车键,表示键入的信息行结束或执行某种命令
Esc	退出键,用于命令的取消或退出程序的执行
CapsLock	大小写字母的切换键
Shift	上档键,按住该键,再按有上下两个符号的键,即可得到该键上面的符号
Tab	制表键,按此键可使光标跳到下一制表位置或下一项目
SpaceBar	空格键,按一次可产生一个空格
Backspace	退格键,按一次,光标向左移一个位置,并删除该位置上的字符
NumLock	数字锁定键,按一次,小键盘上的数字有效,再按一次,则控制符起作用
PrtSc	屏幕打印键,按此键,则将屏幕内容传送到打印机或 Windows 剪贴板
Alt ＋ PrtSc	将当前窗口内容传送到 Windows 剪贴板
Alt ＋ Tab	Windows 下多任务间的切换
Ctrl ＋ Break	中断当前任务或工作
Ctrl ＋ Shift	输入法的选择

专　用　键　功　能	
Shift ＋ 空格	全角与半角的切换
Ctrl ＋ C	复制
Ctrl ＋ V	粘贴
Ctrl ＋ X	剪切
Ctrl ＋ A	全部选定当前操作对象
Ctrl ＋ Alt ＋ Del	系统热启动或打开系统任务列表窗口
Del	删除当前光标位置的字符
Ins	进入或退出插入状态
Home	光标移到行首
End	光标移到行尾
PgUp	向前翻页
PgDn	向后翻页

注：控制键 Ctrl、Alt、Shift，这三个键单独按下去不起任何作用，常与其他键合用，以实现不同功能。控制键的使用方法是先按住某个控制键，再按另一个键或两个键，最后同时松开。上表中的"＋"号表示按下两个键。

二、键盘指法

要提高键盘输入的速度，必须熟悉键位分布，掌握正确的指法，并进行一定的练习才能做到。

1. 键盘输入姿势同英文打字姿势，应做到身体挺直，两肩放松，手背保持不动，用手指完成击键动作，手指微弯与键面保持垂直，手腕不可触到键盘。

2. 输入时，手指应坚持放在键盘的基本键位上，基本键位及手指击键分工如附图 1-2、附图 1-3 所示，一般用拇指击空格键，用右手小指击 Enter 键。每次击键完成后，手指应立即回到基本键位上。

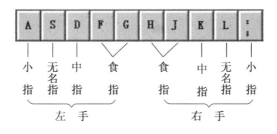

附图 1-2　基本键位图

3. 输入时应坚持"盲打",即不看键盘上的键位,两眼看输入的稿件,运用正确的指法将稿件准确地录入。

4. 指法练习包括以下几项:

(1) 专用键的练习;

(2) 基准键的练习:ASDFGHJKL;

(3) 上排字母键练习:QWERTYUIOP;

(4) 下排字母键练习:ZXCVBNM＜＞;

(5) 符号键的练习:！@＃ ＄％ˆ& ＊() － ＋ | \ /;

(6) 字母键的转换练习:大写字母与小写字母的转换;

(7) 数字键入练习:打字键盘上的数字与数字键盘上的数字键入练习。

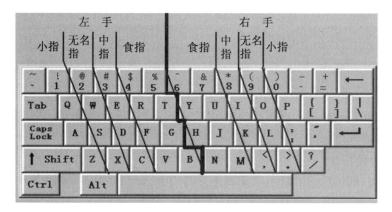

附图 1-3　键盘指法图

参考答案

基 础 篇

第 1 章

一、选择题

1. C	2. D	3. A	4. C	5. C	6. D	7. B	8. C
9. B	10. C	11. C	12. B	13. C	14. A	15. B	16. A
17. B	18. C	19. A	20. C	21. C	22. B	23. D	24. A
25. C	26. A	27. C	28. B	29. C	30. D	31. C	32. A
33. D	34. A	35. B	36. B	37. C	38. C	39. C	40. C
41. C	42. C	43. B	44. D	45. C	46. B	47. A	48. B
49. A	50. C	51. B	52. B	53. D	54. D	55. A	56. B
57. B	58. A	59. B	60. D	61. A	62. A	63. D	

二、是非题

1. √	2. √	3. ×	4. ×	5. ×	6. ×	7. ×	8. ×
9. √	10. √	11. √	12. √	13. √			

三、填空题

1. 器官功能;信息处理　　2. 感测(获取)与识别　　3. 通信与存储

4. 计算(处理)　　5. 控制与显示　　6. 信息处理

7. 电子　　8. 微电子、通信　　9. 集成电路

10. 电子管、晶体管　　11. IC　　12. 模拟

13. 专用　　14. FFFFF　　15. 智能

16. 1 023　　　　17. 逻辑乘　　　　18. 位

19. 0～255　　　　20. 0、1　　　　21. −127～＋127

22. 2A5　　　　23. 10000101、11111011　　　　24. ASCII

第 2 章

一、选择题

1. B	2. C	3. D	4. A	5. B	6. A	7. A	8. C
9. B	10. A	11. A	12. B	13. B	14. C	15. C	16. A
17. B	18. B	19. A	20. B	21. A	22. A	23. C	24. B
25. D	26. B	27. D	28. A	29. A	30. A	31. A	32. C
33. C	34. A	35. A	36. B	37. B	38. D	39. B	40. C
41. C	42. C	43. C	44. A	45. B	46. B	47. A	48. A
49. D	50. A	51. D	52. D	53. C	54. A	55. C	56. A
57. A	58. A	59. B	60. D	61. D	62. A	63. B	64. D
65. D	66. D	67. C	68. D	69. A	70. D	71. D	72. A
73. C	74. C	75. D	76. C	77. C	78. D	79. D	

二、是非题

1. √	2. ×	3. √	4. ×	5. ×	6. √	7. √	8. √
9. √	10. ×	11. √	12. ×	13. ×	14. ×	15. √	16. ×
17. ×	18. ×	19. ×	20. ×				

三、填空题

1. 半导体　　　　2. 存储器　　　　3. 输出

4. 兼容　　　　5. 程序;程序　　　　6. 二进制

7. 并行　　　　8. ＋5　　　　9. 分辨率、dpi、1 英寸、像素

10. CPU　　　　11. 分辨率　　　　12. 二进位

13. 像素　　　　14. 刷新速率　　　　15. 内存储器、显示存储器、PCI-E

16. ALU　　　　17. 操作码　　　　18. 64

19. CCD   20. 512   21. USB

第 3 章

一、选择题

1. A	2. B	3. A	4. D	5. A	6. B	7. D	8. B
9. B	10. B	11. B	12. D	13. A	14. B	15. D	16. A
17. D	18. A	19. C	20. B	21. A	22. C	23. A	24. B
25. B	26. D	27. B	28. C	29. D	30. C	31. A	32. D
33. A	34. D	35. A	36. D	37. C	38. A	39. B	40. C
41. D	42. B	43. B	44. D	45. D	46. C	47. B	48. B
49. C	50. B	51. B	52. A	53. B	54. A	55. A	56. D
57. A	58. D	59. B	60. C	61. D	62. B	63. C	64. D
65. C	66. C						

二、是非题

1. ×	2. ×	3. √	4. ×	5. ×	6. ×	7. ×	8. ×
9. ×	10. ×	11. ×	12. ×	13. ×	14. ×	15. ×	16. ×
17. ×	18. ×	19. ×	20. ×	21. ×	22. √	23. √	24. ×
25. √	26. √	27. ×	28. √	29. ×	30. √	31. √	32. √
33. ×	34. ×	35. √	36. √	37. ×	38. √	39. ×	40. √

三、填空题

1. 盗版   2. 使用许可证   3. 同时不得超过 50 个用户使用该软件

4. 树   5. 机器   6. 控制

7. 编译   8. 1   9. 正确性

10. 4   11. 1   12. 多任务

13. 存储   14. 任务管理器

第 4 章

一、选择题

1. D	2. B	3. B	4. A	5. C	6. B	7. D	8. D
9. C	10. D	11. B	12. B	13. B	14. D	15. B	16. D
17. D	18. D	19. A	20. B	21. A	22. C	23. C	24. C
25. B	26. C	27. C	28. C	29. C	30. B	31. C	32. C
33. C	34. B	35. C	36. D	37. B	38. C	39. D	40. B
41. A	42. C	43. A	44. A	45. D	46. A	47. A	48. C
49. A	50. B	51. B	52. D	53. C	54. A	55. B	56. D
57. B	58. B	59. B	60. B	61. D	62. C	63. B	64. C
65. C	66. C	67. B	68. C	69. C	70. C	71. B	72. A
73. C	74. A	75. A	76. D	77. A	78. C	79. A	80. A
81. A	82. A	83. A	84. B	85. A	86. C	87. D	88. B
89. A	90. A	91. B	92. C	93. C	94. A	95. B	96. A
97. C	98. C	99. B	100. C	101. B	102. C	103. A	

二、是非题

1. √	2. ×	3. √	4. ×	5. √	6. ×	7. ×	8. ×
9. √	10. √	11. √	12. √	13. √	14. ×	15. ×	16. ×
17. ×	18. ×	19. √	20. ×	21. ×	22. √	23. ×	24. √
25. ×	26. ×	27. ×	28. ×	29. ×	30. ×	31. ×	32. ×
33. √	34. ×	35. ×	36. ×	37. √	38. √	39. ×	40. √
41. ×	42. √	43. ×	44. √	45. √	46. √	47. √	48. ×
49. ×	50. √	51. ×	52. ×	53. √	54. √	55. √	

三、填空题

1. 计算机技术　通信技术
2. 总线网　环形网
3. 对等模式或 pear to pear
4. 应用服务器
5. FDDI 网
6. 1
7. 6
8. 中继器
9. 网桥

10. 53	11. 254	12. 4 十 ·
13. 广域网与广域网	14. 1994 5　cn	15. abcd@163.com
16. 因特网服务提供商	17. 远程文件传输	18. 远程登录
19. 万维网或环球网或 Web 网或 3W 网　超文本		20. 明文　密文
21. 1 000	22. 频率　复用	23. 电光　光电
24. 光/电　电/光	25. 3	26. 数字
27. 6×10^{-6}	28. 无线通信	29. 数字通信
30. Google	31. 图片	32. ftp
33. 蓝牙/Bluetooth	34. 星	

第 5 章

一、选择题

1. C	2. C	3. D	4. C	5. B	6. A	7. A	8. B
9. D	10. C	11. D	12. D	13. A	14. C	15. A	16. C
17. D	18. B	19. A	20. D	21. B	22. B	23. B	24. A
25. B	26. B	27. A	28. C	29. C	30. A	31. A	32. A
33. A	34. B	35. C	36. A	37. C	38. C	39. D	40. A
41. A	42. B	43. C	44. B	45. B	46. B	47. C	48. A
49. D	50. C	51. A	52. D				

二、是非题

1. √	2. √	3. √	4. √	5. √	6. √	7. √	8. ×
9. ×	10. ×	11. ×	12. √	13. ×	14. √	15. √	16. √
17. ×	18. √	19. √	20. √	21. √	22. ×	23. ×	24. √
25. √	26. ×	27. √	28. ×	29. ×	30. √	31. √	32. ×
33. √	34. √						

三、填空题

1. 波表	2. USB	3. 平板	4. A/D
5. 流	6. 1	7. MIDI	8. 声道数
9. CCD	10. 亮度	11. 保真度好	12. MIDI
13. 3	14. 四分之一	15. 数字	16. 768

17. 印刷体	18. 丰富格式	19. 纯	20. 超文本标记语言
21. 声卡	22. 图形	23. 数字	24. 量化
25. 像素	26. 像素深度	27. 无损压缩	28. 编码
29. 保真度	30. 量化精度	31. 80	32. 多媒体软件
33. 模数转换	34. 900	35. PC	36. MPEG-1
37. 512	38. 快	39. 10	40. 视频点播
41. 4：3	42. 书签	43. MIDI	44. 文语转换/语音合成
45. 图像	46. 256	47. 机顶盒	

第 6 章

一、选择题

1. A	2. D	3. D	4. C	5. A	6. D	7. D	8. B
9. C	10. D	11. A	12. A	13. A	14. C	15. A	16. D
17. D	18. A	19. A	20. D	21. A	22. C	23. B	24. B
25. C	26. A	27. B	28. D	29. C	30. D	31. C	32. C
33. D	34. C	35. C	36. D	37. A	38. B	39. A	40. C
41. A	42. D						

二、是非题

1. ×	2. √	3. ×	4. √	5. ×	6. √	7. √	8. √
9. √	10. ×	11. √	12. ×				

三、填空题

1. 计算机辅助协同工作　　　2. 智能　　　3. 逻辑独立性

4. S；SNO　　　5. SQL　　　6. 数据库管理系统

7. 数据库管理员　　　8. S，C，SC　　　9. 投影操作

10. SELECT CNO, GRADE FROM SC WHERE SNO=′C008′

11. SELECT S. SNAME, SC. GRADE FROM S，SC WHERE S. SNO ＝ SC. SNO AND S. SNO=′C008′ AND SC. CNO ＝ ′CS−202′

12. 开放数据库互连　　　13. 处理需求，应用程序．企业资源计划

提 高 篇

第 1 章

选择题

1. D	2. C	3. B	4. A	5. D	6. C	7. B	8. A
9. A	10. B	11. D	12. A	13. A	14. B	15. D	16. C
17. A	18. D	19. A	20. C	21. B	22. C	23. A	24. A
25. B	26. D	27. A	28. A	29. D	30. B	31. A	32. D
33. C	34. D						

第 2 章

选择题

1. A	2. C	3. A	4. D	5. B	6. A	7. D	8. B

第 3 章

一、选择题

1. B	2. C	3. D	4. A	5. D	6. C	7. B	8. C
9. D	10. B	11. A	12. D	13. B	14. B	15. C	16. C
17. A	18. B	19. D	20. A	21. A	22. B	23. C	24. B

二、填空题

1. 软件生命周期 2. 软件开发

3. 软件工具 4. 数据结构 5. 无歧义性

6. 内聚 7. 降低复杂性 8. 概要

9. 变换型 10. 输出结果 11. 白盒

12. 白盒 13. 输出 14. 白盒

15. 静态分析 16. 黑盒 17. 单元

18. 驱动模块　　　　19. 调试　　　　20. 完善性

第 4 章

一、选择题

1. A	2. A	3. B	4. B	5. A	6. C	7. B	8. D
9. B	10. D	11. D	12. C	13. C	14. A	15. D	16. C

二、填空题

1. 一对多(1 : n)　　　　2. 逻辑独立性　　　　3. 数据管理系统

4. 参照完整性　　　　5. 关系　　　　6. 一对一(1 : 1)

7. 投影　　　　8. 概念　　　　9. 数据存储

10. 需求获取　　　　11. 数据管理系统　　　　12. 概念